基础教育改革与教师专业发展
新课程教学探索系列

新课程思想政治（品德）怎么教

XIN KECHENG SIXIANGZHENGZHIPINDE ZENME JIAO

陶永华◎编著

安徽师范大学出版社
· 芜湖 ·

责任编辑：吴毛顺
装帧设计：丁奕奕

图书在版编目（CIP）数据

新课程思想政治（品德）怎么教/ 陶永华编著 .—芜湖：安徽师范大学出版社，2013.5（2020.8重印）
（基础教育改革与教师专业发展丛书）
ISBN 978-7-5676-0308-0
Ⅰ.①新… Ⅱ.①陶… Ⅲ.①政治课－教学法－中学 Ⅳ.①G633.202

中国版本图书馆CIP数据核字（2012）第319300号

新课程思想政治（品德）怎么教
陶永华 编著

出版发行：安徽师范大学出版社
芜湖市九华南路189号安徽师范大学花津校区 邮政编码：241002
网　　址：http://www.ahnupress.com/
发 行 部：0553-3883578 5910327 5910310（传真） E-mail：asdcbsfxb@126.com
经　　销：全国新华书店
印　　刷：江苏凤凰数码印务有限公司
版　　次：2013年5月第1版
印　　次：2020年8月第2次印刷
规　　格：700 mm × 1000 mm 1/16
印　　张：13.75
字　　数：208千字
书　　号：ISBN 978-7-5676-0308-0
定　　价：24.00元

总　序

“教育改革”在当下是一个出现频率非常高的概念,这种语言现象所反映的正是教育实践的客观现实。伴随着经济全球化、信息化和网络化的迅猛发展,世界范围的教育改革正一浪高过一浪,教育改革正成为一项持续不断的教育实践活动。可以说,变革已成为当代教育的一个典型特征。

同样,改革也是我国当代基础教育领域蓬勃发展的重要驱动轴。近年来,基础教育改革正在各个层面全面展开:在课程领域,综合课程、活动课程、微型课程、模块课程等正在逐步取得与学科课程同等的地位,并对促进学生的全面发展发挥着不可替代的作用;在教学领域,诸如探究式教学、互动式教学、学生自主学习、合作学习等一系列新的教学方式和学习方式也正在逐步取代某些传统的教学方式和学习方式,被师生广泛运用于教学过程之中;在德育领域,一方面,某些陈旧落后的德育理念和模式正在为人们所摒弃,另一方面,多种新的德育理念和模式正在受到教育理论工作者和实践工作者的广泛关注并在学校德育实践中进行尝试和经受检验;在教育评价领域,传统的评价理念和范式同样日益受到人们的质疑与批判,与此同时,各种新的评价理念和范式层出不穷并被师生普遍接受和运用。

基础教育改革不仅使学校生活、师生关系和课堂面貌等发生了重要变化,也向广大教育实践工作者提出了新的更高的要求。持续不断的基础教育改革,使每一个投身于教育实践工作的人都面临着一系列无法回避的挑战。这种挑战,既意味着教育实践工作者不得不正视和思考教育改革带来的各种新的问题,同时也意味着他们在面对不断变化的教育实践情境时,必须采取适当、合理的因应与行动。

教育大计,教师为本;有好的教师,才有好的教育。这既是基础教育改革实践的强烈诉求,同时也是理性认识基础教育改革所形成的共识。好的教师,才有可能既娴熟自如地驾驭教育教学活动,最大限度地促进学生的发展,同时又能够有效地应对社会和教育发展所带来的各种新变化、新要求,成为教育改革的参与者和“弄潮儿”。好的教师由何而来呢?也许人们对这一问题有着各自不同的认识,也许不同的教师其成长的过程和方式各有差异,但可以肯定的是,好的教师既需要经受教育实践的历练,需要教育实践给予其充分展现的机会,同时,也需要接受教育理论的滋养,需要对教育教学的本质和规律性有着正确的认知和把握。

与教育实践工作者相同的是,教育理论工作者也正在面对教改所带来的诸多挑战。基础教育改革的蓬勃展开,也必然会对教育理论工作者提出如何恰当地回应教育改革、如何研究和解决教育改革中出现的各种新问题、如何引领教育改革的发展方向等诸多问题。可以说,在教育改革持续展开的背景下,教育理论工作者正面临着双重任务:一是必须及时研究和探索教育改革中不断出现的新情况、新进展,发现制约改革的各种因素和变量,揭示和分析教育改革发生发展的特点和规律;二是必须观照教育改革参与者特别是中小学教师的实践诉求,通过对教育改革实践的理论阐述,引领他们更加理性、有效地处理改革实践中所遇到的种种现实问题。

我们欣慰地看到，当前，已有很多学者对基础教育改革的一系列重要问题进行了深入的研究和探讨，从多角度、多方位提出了诸多有关教育改革的真知灼见，展示了学者们对教育改革实践的理性认识。然而，如何将这些理性认识转变为教育改革实践的理性行动，却需要做一番综合与转化工作。所谓综合，就是要对不同的理论研究成果，根据教育实践的逻辑，重新进行组合与梳理，以形成更加适合于教育实践的知识体系；所谓转化，则是要通过对知识的再加工和再创造，将原本用于精确表达思想和观念的科学话语体系，转变成实践话语体系，从而更加适合教育改革实践的需要。而本套丛书所努力达成的，就是这样的一个目标。我们期待我们所做的综合与转化的努力，能够产生切实的实践效果。

教育改革既涉及宏观层面，也涉及微观层面。仅有宏观层面的努力而缺失微观层面的配合与行动，教育改革不可能取得成功。宏观层面的教育改革主要是由政府来决定和实施，而微观层面的改革不仅需要政府的介入，更需要教育实践工作者的实际行动。我们编写这套丛书，主要的目标是指向微观层面，指向中小学教师的教育教学实践。丛书涉及当前基础教育改革和教师专业发展的诸多领域，主要针对当前基础教育改革和教师专业发展中所遇到或将要遇到的一系列问题而编写，以问题作为研究和讨论中心。我们期望通过聚焦教育改革实践中遇到的各种实际问题，借鉴中外教育改革的研究成果和成功经验，为教育实践工作者正确地认识和把握这些具体的实际问题提供指导和帮助。

本丛书主要包括教师专业发展系列、基础教育改革与学生发展系列、新课程教学探索系列、班主任工作系列、心理健康教育系列、教师专业标准系列等，读者对象主要是广大中小学教师。丛书的定位是理论与实际有机结合、介于学术著作和通俗读物之间，既注意吸收相关学科领域的最新成果，反映教育教学研究的前沿动态，又注重贴近中小学教师的工作和生活，对目前我国基础教育的实际以及教改实施与进展的状况进行分析和探讨，注重解决读者在实践中遇到的问题或困惑，努力做到科学性、前沿性、实用性的统一。丛书内容通俗易懂，深入浅出，每册书在内容上不求大而全，不求面面俱到，而是突出重点，将关注教师的需求放在第一位，尽可能为他们提供有针对性的思想和理论的引领，给他们以实践操作的启发。

我们相信本套丛书的出版，能让广大一线中小学教师获得所需的知识和有益的启示，对学校的进步、教师的发展和学生的成长发挥建设性的指导作用，为促进教育改革和教师发展增添些许动力。我们也期待着本丛书的出版，能够为师范院校相关学科的教学与研究提供更为丰富的素材，从而推动教师教育质量的不断提升。

编委会

二〇一三年一月

目　录

第一章　解构与建构
——思想政治(品德)高效课堂构建的背景透视

为了适应新课改,走进新课改,实施新课改,我们有必要在总结思想政治(品德)课程改革历史的基础上,把握中学思想政治(品德)高效课堂构建的背景和动因,认清思想政治(品德)高效课堂构建是适应时代发展和社会全面进步要求的正确选择。

第一节　课程改革的回顾与反思

一、新世纪新课改的主要内容和成就

1999年6月,党中央召开了我国改革开放以来的第三次全国教育工作会议,颁布了《中共中央、国务院关于深化教育改革全面推进素质教育的决定》(以下简称《决定》)。《决定》指出,要"调整和改革课程体系、结构、内容,建立新的基础教育课程体系,试行国家课程、地方课程和学校课程。改变课程过分强调学科体系、脱离时代和社会发展以及学生实际的状况"。由此,我国教育和课程改革进入了一个新的阶段,掀起了新的课程改革的高潮。我国新一轮课程改革从提出到全面推广历时5年,在2004年秋季进入全国实验阶段。

此次我国的基础教育课程改革,在课程目标、课程结构、课程内容、课程管理体制、课程实施与课程评价等方面发生了显著的变化,取得了巨大的成就。

第一,在课程目标方面,课程目标比以往更明确、具体、全面、系统。课程目标包括了课程功能、课程结构、课程内容、课程实施、课程评价和课程管理等方面的具体目标,形成了一个全面、具体的目标体系。

第二,在课程结构方面,打破了单一的课程结构,基础教育的课程结构得到了初步优化。新世纪以来通过不断的改革与调整,单一的课程结构被打破。活动课程、选修课程、综合课程的开设以及学科课程内部课时分配的调整,有利于减轻学生过重的学习负担,有利于学生素质的全面提升;改变了以往课程结构过于强调学科本位、科目过多和缺乏整合的状况,整体设置了九年一贯制的课程门类和课时比例。新课程体现了课程结构的均衡性、综合性和选择性。

第三,在课程内容方面,加强了课程内容与学生生活以及现代社会和科技发展的联系,关注学生的学习兴趣和经验,精选终身学习必备的基础知识和技能。新世纪以前的课程内容以知识为中心,内容偏难,知识面偏窄,应用性较差,人文性内容太少。学科内容只考虑“升学”和“专家”的要求,很少考虑作为一个普通公民应具备的基础知识素养以及学生的个性发展;过多地重视知识的学习,而对学生的独立思考能力、实践能力和创造能力等智力因素培养重视不够。新世纪以后的课程改革,改变了以往课程内容“难、繁、偏、旧”和过于注重书本知识的状况,对学生的兴趣和经验予以关注,加强了课程内容与学生生活以及现代社会和科技发展的联系。

第四,在课程管理体制方面,课程的统一性与灵活性结合方面有了重大突破。新世纪以来,我国基础教育课程改革一直致力于课程统一性与灵活性的结合,改变了以往基础教育课程高度统一的状况。课程管理采取中央、地方、学校三级管理,增强了课程对地方、学校及学生的适应性,既体现国家对学生的基本要求,又为各地发展留有时间和空间。国家在课程管理方面的职责是制定总体规划,确定课程门类和课时,制定国家课程标准,宏观指导基础教育课程实施。地方教育行政部门的职责是规划适合本地区需要的课程实施方案。学校在执行国家和地方课程的同时,可以开发和选用适合本校特点的课程。

第五,在课程实施方面,课程实施的过程更加稳妥,参与的人员更加广泛。课程实施的指导思想是“先立后破、先实验后推广”。基础教育课程改革是一项系统工程,各省(自治区、直辖市)都建立了课程改革实验区,实验区分层推进,发挥示范、培训和指导的作用。课程改革坚持民主参与、科学决策的原则,高等院校、科研院所的专家、学者和中小学教师都投身于中小学课程改革。

第六,在课程评价方面,改变了以往课程评价过分强调甄别与选拔的功能,发挥了评价促进学生发展、教师提高和教学实践改进的功能。

第七,在课程改革中体现了对国情、历史经验和国际趋势的关照与尊重。新世纪以来,我国的基础教育课程改革吸收和总结了新中国成立以来课程教材建设的一些经验教训,并对当时课程教材的实施情况进行了全面细致的实证研究、实事求是的调查,分析了我国的教育国情,并参照国外和港台地区课程改革的经验教训,以此作为课程教材改革决策的重要依据。

二、新课程改革中存在的问题

新世纪以来,我国的基础教育课程改革取得了巨大的成就,给新世纪基础教育的发展带来了蓬勃的生机,但同时也存在着比较突出的问题,主要表现在以下几个方面:

(一)教师教育培训中存在的问题

振兴教育,教师为本。在国家基础教育新课程改革的背景下,搞好基础教育新课程的师资培训工作,是进行基础教育新课程工作的重要组成部分。至今,课改进行了新中国成立以来规模最大的中小学教师培训,900多万中小学教师中的大多数参加了各种形式的培训。通过培训,广大教师进一步理解了新课程的理念,教育教学能力得到一定程度的提升。但是相关调查也表明,当前教师培训还存在一些比较突出的问题:

1. 培训形式落后

调查结果显示,教师普遍认为新课程改革背景下所开展的培训与传统的培训无较大差异,仍沿袭了传统的教师培训模式,以专家讲、学员听的单向信息传输方式为主。这种短期、集中、大规模的培训形式与点到为止的讲授方法只能粗浅介绍新课程改革的基本理念与知识,忽视了一线教师学习的主体地位;过多地强调知识理念以及概念、判断、推理等知识性因素的掌握,忽视了教师个体的感受、体察、领悟、想象、回忆等心理功能的发挥,与教师的期望大相径庭。造成这种现象的内在原因在于传统培训方式具有高效率、强控性以及简便性等优势,能缓解培训在时间、经费与人员配备上的不足,提高效率、大面积应付培训任务,因而颇受培训机构青睐。加上这种培训方式能较大减少工作与学习的矛盾,因此也得到中小学校管理者的认同。

2. 培训过程不完整

据调查,培训单位训前缺少对教师需求的调查诊断,培训缺乏针对性,难以引起教师的积极思考,产生共鸣。训后缺乏科学的评价机制,不能对培训的全过程进行及时合理的评估,缺少跟踪调查反馈信息,导致培训流于形式或低水平重复,难以提高。主因在于目前所实施的教育培训主要由国家(教育行政部门)指定单位(师范院校、教育学院等)完成,是完全自上而下的。国家将培训权、评价权、监督权都赋予了培训单位,权力过于集中,又无科学合理的质量评估机制,缺乏提高培训质量的压力与动力。一方面,培训制度松散,却不求改进,培训单位只求数量不求质量,将培训简化为"请专家授课"。另一方面,参训教师沦为纯粹的培训对象,其主动权得不到体现,主动性得不到发挥,传统教育的"三中心"由于赋权不均、难以制衡而长期存在。

3. 培训内容脱离实际

从整个培训过程来看,培训者始终处于"我要你怎样做,我命令你做"的绝对主动地位,没有认真分析教师专业发展的背景、起点和高度,不了解培训对象的真实感受和培训需求。教师难以将培训知识学以致用,学有所用,学用结合。正如学者指出,"尽管大多数教师都进行了通识培训,但通识培训联系课程教学实际不够,对课程理念的认识和有关问题的讨论不够,学科培训不够深入,浮于表面,对课标、教材用新理念去研究也远远不够,缺少可操作的学科教育教学的指导","对校本、教研的认识和理解还没有完全到位"。教师多数只能向重点学校学习可操作性方法,以自我摸索的方式解决实际问题,容易造成实施新课程表面化、形式化等不良后果。加之培训者队伍由书斋型学者组成,对中小学校一线教师的教育教学实践与现状了解不够,对具体的成人培训规模与特点认识不够,缺乏相应的成人培训技巧与技术,如此一来,培训容易走入纯理论学习而脱离中小学教育教学实际的泥潭,缺乏针对性与实效性。

4. 教师参训动机不足

综上所述,陈旧的培训形式、单一的培训方法与脱离实际的培训内容必然导致整个培训工作缺乏活力。加之培训忽视了教师的兴趣和实际需要,缺乏有效激励教师的措施,教师参训学习的动力机制难以建立,教师普遍反映参加培训的积极性不高。此外,零星的培训机会和短期大规模集中培训无法达到新课改的要求,尤其是教师学科培训所用时间远远不够,对于教师更新教学观念,运用新的教学方法而言,培训所产生的作用不理想。可见,当前的教师培训仅仅是将培训内容转换为与新课程改革相关的知识、理论,无法从形式与方法上有效体现新课改的基本理论,属于一种“换汤不换药”的培训,培训双方都持应付心理,导致教师参训动机不足,形式主义严重,效果堪忧。

(二)评价制度的不完善制约了新课程改革的推进

课程评价对新课程的实施起着重要的导向和质量监控作用。评价功能、评价目标和评价方式方法等方面都直接影响着课程目标的实现,影响着课程功能的转变和落实。

新课程改革中的教育评价提倡:第一,“改变课程评价过分强调甄别与选拔的功能,发挥评价促进学生发展、教师提高和改进教学实践的功能”。第二,“建立促进学生全面发展的评价体系。评价不仅要关注学生的学业成绩,而且要发现和发展学生多方面的潜能,了解学生发展中的需求,帮助学生认真认识自我,建立自信。发挥评价的教育功能,促进学生在原有水平上的发展”。第三,“建立促进教师不断提高的评价体系。强调教师对自己教学行为的分析与反思,建立以教师自评为主,校长、教师、学生、家长共同参与的评价制度,使教师从多种渠道获得信息,不断提高教学水平”。这是评价理念、评价功能、评价方法的根本转变。

可是,新课程的评价体系实际上并没有完全建立起来,教育评价的基本思想没有得到贯彻落实。当前,在大多数学校,教育评价仍然是以甄别、选拔为主,注重的是学生考试成绩,看重的是通过中考、高考上重点学校的人数。

由于目前的中考、高考的“指挥棒”仍在起作用，分数仍是评价学校和学业好坏的重要标准，新课程改革的评价标准不被社会所认同，传统的考试、评价制度已使众多学校形成了固定化、功利化的教学模式，考什么学什么。许多老师怕“误人子弟”，只好以传统的教学模式应付新课程改革。如果没有考试改革相配套，那么新课程是加重了而不是减轻了学生的负担。同时，由于新课程改革实施的综合素质评价缺乏量化标准，操作困难，客观上为新课程改革的推行设置了障碍。目前的教育评价只是一个评价机制的问题，而不仅仅是一个学校、几个教师的评价观点、评价方法的问题。实践证明，现行的考试评价制度越来越显示出与基础教育新课程改革不适应，成为当前制约新课程改革的主要因素。

(三)教师课堂教学行为改革不到位

新课程改革为我们带来了全新的课程理念与教学理念，而理念的更新必须落实到教师的课堂教学行为上，只有这样，才能真正推进新课程改革。为了较客观地认识当前新课改中教师的课堂教学行为现状，笔者对芜湖市6所高级中学中的高一、高二年级学生进行了问卷调查，以期了解高中教师课堂教学行为的特点，并发现其中的问题，调查内容涉及高中思想政治教师的课堂讲述行为、板书行为、提问行为、学习兴趣的激发行为、交流行为等。

1. 讲述行为在课堂教学中占较大比重

通过问卷反映出，72.65%(178人)的学生认为思想政治教师在讲述新课时，能够做到语言精练，分析条理清晰，讲解结构完整，同时不乏幽默；19.59%(48人)的学生认为政治教师上课时会根据教材内容，补充课外知识和案例，但有时会使重、难点知识模糊；46.12%(113人)的学生表示政治教师讲课幽默生动有趣；33.88%(83人)的学生表示自己的政治教师讲课总是一个节奏，没有太多变化，语调缺乏抑扬顿挫。总体来说，当前大多数思想政治教师对讲述行为已是运用自如，能做到清晰、明确、完整，能够让学生从政治教师的讲解中分辨出重、难点知识。仅有少数政治教师(2.75%的学生反映)在讲述过程中经常重复同一句话，条理不清晰，甚至前后矛盾,结构不完整。同时,从问卷调查结果还发现,传统讲述行为仍然是思想政治课堂教学的最主要手段,40%的学生表示希望政治教师在课堂上能够深化理论的讲解,补充课外知识以拓宽自己的知识面。也就是说,在思想政治课上相当部分学生仍然接受并依赖老师讲解教学内容,但同时许多学生又非常反对政治教师说教式、灌输式的讲述行为;近50%的学生表示政治课上最喜欢的学习方式是与同学一起讨论学习;60%的学生表示希望政治教师能够组织类似小组讨论、小品表演等形式多样的课堂活动,增加自己的课堂参与度。

2. 板书行为过多依赖多媒体教学技术,传统板书能力有所削弱

在板书行为方面,有86.12%(211人)的学生表示政治教师上课时经常会使用多媒体技术呈现教学内容,58.37%(143人)的学生反映政治教师在使用多媒体手段时会结合传统的黑板、粉笔书写部分板书,而27.76%(68人)的学生表示自己的政治教师几乎每堂课的板书都是用多媒体技术来呈现的。11.02%(27人)的学生反映政治教师上课的时候只采用传统的粉笔书写板书,而这部分教师中,教龄偏大的政治教师占了大多数。仅2.86%(7人)的学生表示自己的政治教师上课时只注重讲解而无任何形式的板书。

通过问卷调查可以发现,目前绝大部分的思想政治教师在课堂教学行为过程中,会利用板书的直观性特点,对复杂的教学内容进行删繁就简的处理,便于学生掌握知识结构。但是,无论是平时的"家常课"还是各类公开课,如今思想政治教师更多的是借助多媒体课件来完成板书行为。可以说,现代多媒体技术的发展对思想政治教师的课堂板书行为产生了重要影响。与传统的黑板粉笔字构成的板书相比,现代多媒体技术的确能够吸引学生的注意力,一定程度上提高他们的学习兴趣,同时又能使课堂板书形式更丰富,更美观。这些作用使得电子板书的优势被放大,也造成许多教师对多媒体技术产生盲目崇拜心理及行为上的过分依赖。

多媒体教学技术的运用给思想政治教师的板书行为带来的各种问题,主要表现在以下方面:

第一,思想政治教师在制作多媒体课件时,过多地注重画面的美观、精致,而忽视了知识的分布、排列,忽视了突出教学重点和难点,这可能导致学生一堂课下来,难以把握知识结构要求,甚至画面过于生动、美观,有时会分散学生的注意力。

第二,思想政治教师在教学过程中,成了多媒体板书的“演示员”、“讲解员”,而忽视了与学生的情感交流。有的政治教师为了讲解某一知识点,特意收集不少图片或视频等多媒体素材用以更直观地说明该知识,却不知过多的素材不仅没能帮助学生理解,反而形成了素材的堆砌,教师光顾着讲却忽视了关注学生的反应与感受,学生被动接受,失去了学习的主动性和积极性。调查问卷显示,约23%的学生反映自己在政治课上没有或少有机会发表观点、感想;36%的学生表示希望增强自己的课堂参与度;60%的学生希望政治教师在上课时经常使用多媒体技术来丰富课堂教学形式。由此可以看出,思想政治教师将多媒体运用到板书行为中的确受到了学生的欢迎,但是如何运用得恰到好处,扬长避短,与传统板书相结合,是每位思想政治教师需要思考的一个问题。

3. 提问难易程度把握不足,问题价值性和反馈能力有待提高

在对思想政治课课堂提问行为的问卷调查中发现,85.31%(209人)的学生表示政治教师的提问内容总是围绕教材和教学情况展开,48.57%(119人)的学生表示提问内容与自己的实际生活相联系,42.04%(103人)的学生反映政治教师的提问能够激发自己对学习内容的思考。这说明思想政治教师能够围绕教学目标、教学内容进行教学。

通过提问启发学生思考,加深对学习内容的理解,有助于教学目标的达成。通过调查发现,多数学生喜欢政治教师提出具有启发性、趣味性的问题。问卷结果表明,近一半政治教师能够做到提问内容与学生的现实生活相联系,这既能很好地激发学生对学习内容的思考,又能激发学生回答问题的积极性。然而,53.88%(132人)的学生表示政治教师的提问难度过高或过于简单,说明有不少思想政治教师提问时把握不住问题的难易程度,这与政治教师课前教学行为中对学生的学习基础把握不足有一定关系,因而造成提问行为中对问题的设计缺乏针对性,问题随意性较大,造成提问行为流于形式。例如:“税收的基本特征是什么?”这一问题学生在阅读教材后自然能够回答出来,无需进行深入的思考,这导致提问成为一种形式。另外,77.96%(191人)的学生反映政治教师提问之后会留下思考的时间,再点名让学生回答问题,其中表示经常留有足够时间去思考的比例占到39.18%(96人),12.65%(31人)的学生反映政治教师总是提出问题后直接叫答,自己没有充足的思考和准备时间。就思想政治教师对学生回答问题的反馈,66.53%(163人)的学生反映政治教师会根据他们的回答情况做出一定的概括和评价;但是,32.24%(79人)的学生反映不管回答质量如何,政治教师总是用“很好”、“不错”之类的赞扬词语进行评价;37.55%(92人)的学生表示政治教师会有追向行为,逐步加深提问难度、深度,挖掘学生的潜能;44.08%(108人)的学生认为自己回答不出问题时,政治教师会耐心地给予引导。这说明,在叫答方面,大多数的政治教师在提问之后能够留出时间让学生思考,但是对学生思考时间的控制上还略显不足,有时对一些较为简单的提问留出长时间进行思考,导致学生在得出答案后感到无所事事而分散注意力;又或者较难解答的问题却没有足够的思考时间,因而无法完全激发学生思维,难以达到教学目标。有三分之一的政治教师在对学生的回答给出反馈时只是简单地运用一些赞美性的、激励性的词语进行评价。可以说,部分政治教师将反馈简单地理解成对学生回答、思考、学习的激励,因而无法完整地完成课堂提问行为,也失去了提问的部分价值。

4. 部分激发学习兴趣行为流于形式

通过问卷调查发现,46.53%(114人)的学生反映在思想政治课上喜欢与同学一起讨论交流的学习方式,37.96%(93人)的学生表示喜欢政治教师讲述为主的学习方式。说明多数学生希望政治教师能够丰富课堂教学形式,以激发自己的学习兴趣。问卷调查结果显示,85.31%(209人)的政治教师经常会组织小组讨论,仅4.49%(11人)的学生反映从来没有在政治课上参与小组讨论。同时,45.31%(111人)的学生表示在上思想政治课时,政治教师给出一个话题让大家讨论能够激发起自己学习新课的兴趣。可见,政治教师给出话题组织小组讨论是激发学生学习思想政治课兴趣的一个较好的形式,多数学生也认可政治教师组织讨论的课堂行为能够激发自己的学习兴趣,同时也希望政治教师在上课时能够提供各种话题让大家以小组讨论的形式进行学习,提高学习兴趣,增加课堂互动。调查结果显示,36.33%(89人)的学生认为政治教师能够组织有效的小组讨论,45.31%(111人)的学生认为讨论效果一般。由此可见,真正能组织有实效的课堂讨论的思想政治教师并不多,不少学生表示小组讨论流于形式。有些小组讨论的话题都是一些事实性材料,学生只需阅读材料便可回答问题,根本不需要以小组为单位进行讨论,可以说讨论的内容没有价值,难以激起学生思考,有时热闹一片,其实不少学生“浑水摸鱼”,借机讲话,没有实际效果。例如:有位教师上思想政治1经济生活中的一个教学内容《树立正确的消费观》时,课上教师给出一个问题“生活中哪些是影响到我们生活质量的因素”,围绕这一问题大家展开热烈的讨论,然而学生只要稍稍阅读课本,便可知道答案。经常进行没有思考价值的课堂讨论活动,学生自然会失去学习政治课的兴趣。

在思想政治课上,44.08%(108人)的学生反映教师会以各种生活案例介绍引入新课,33.06%(81人)的政治教师常以时事新闻为导课内容,42.45%(104人)的学生表示政治教师在上新课时通常直接说明学习内容。通过问卷调查分析可知,目前,大多数思想政治教师在上新课时都会设置导课环节,以引起学生学习兴趣。然而,如果只是为了导课而导课,没有思考导课的内容是否切合教学内容,是否与学生实际生活相联系,只是简单地收集一份素材作为引入新课的内容,那么导课也只是一种教学形式。

5. 课堂交流行为不到位,学生难信服

在思想政治教师课堂交流行为方面,通过问卷调查发现,53.47%(131人)的学生能够感受到在思想政治课堂上与政治教师有情感交流,近两成学生(18.37%)反映自己从未在课堂上与政治教师有任何交流。反映有语言交流的学生有40%(98人),19.18%(47人)的学生表示政治教师是通过眼神与自己有所交流,26.53%(65人)的学生反映政治教师与自己是以表情、神态等方式进行情感交流。这反映了当前多数政治教师能够展开课堂交流行为,但是大多数的课堂交流行为是依赖语言进行的,在非语言交流方面,如眼神、神态、手势等,政治教师还有待加强。

思想政治课是一门对中学生进行马克思主义基本观点教育和有关社会科学的基础知识教育课程,也是学校德育的主渠道。新课程改革提出思想政治课要实现三维课程目标,除传授知识提高技能外,还需要培养学生的情感、态度与价值观。然而,问卷调查显示,不少学生认为上思想政治课对提高自己的综合能力、素质作用不大,有些学生表示,尽管课堂上接受了政治教师传授的理论知识,但内心却不认同,更难以化成分析、解决问题的能力。笔者在实践过程中就曾碰到过这样一个学生,在学习“我国税收本质是取之于民,用之于民”时,该学生当场表示自己不认同这一观点,尽管当时笔者运用了“九年制义务教育免学杂费”这一事例说明税收的本质,但可以看出该学生仍然不认同,只是碍于自己学生的身份而表示接受老师的解释。这一案例暴露出目前思想政治课上师生交流存在的问题,政治教师总是自觉或不自觉地关注材料内容,关注课堂教学是否符合逻辑,关注教学是否能顺利完成,很少在教学过程中始终关注到学生的学习态度、学习情绪、学习疑惑以及学习需要,这便导致教师教学过程中忽视了学生的情感和价值观问题。学生只是被动地接受政治书上的理论知识,被动地接受政治教师讲述的道理,却无法将课本认知真正落实到行动上。

三、对新课改实施现状的反思及改进的对策

(一)加强宣传,转变观念,提高认识

课程改革是一项系统工程,没有社会和家长的支持,这项改革很难达到预期效果。要向社会和家长宣传新课程改革的必要性和重要性,在电视、广播、报纸等地方开辟专栏,宣传新课程改革的理念,介绍课程改革成功的经验。学校应与家长经常沟通交流,广泛听取家长们的意见和建议,最大限度地取得社会和家长的理解和支持,在全社会形成一个支持新课程改革的良好氛围。同时,要转变新课程改革的实施者——广大教师的思想观念,转变传统的人才观、质量观,真正从“应试教育”转向“素质教育”。一切以学生发展为主,明确自己是学生学习的促进者、课堂教学的组织者,更多地调查学生的实际需要和兴趣,摒弃以教材为主的旧观念,从以讲授为主向以指导学生学习、回答疑问为主。改变传统的“目中无人”的教学方法,积极关注和引导学生在教学活动中的各

种道德表现和发展,使其在知识增长的过程中人格得到发展,道德得到提升。

(二)建立和完善新课程改革的教师培训和自我提高机制

1. 转变观念,提高认识,加强管理

进一步提高各级政府、培训机构和广大中小学教师对培训工作重要性的认识,加大对这项工作的宣传力度,要向社会和广大中小学教师宣传教师参加培训的必要性和重要性,在电视、广播、报纸等地方开辟专栏,介绍成功经验。要加强组织领导,各级政府应成立以主管教育的领导为组长、各有关部门共同参与的教师培训工作领导小组,对培训机构的工作定期进行评估。培训机构要切实负起责任,加强管理,制订切实可行的培训方案和计划。建立中小学教师继续教育考核和登记制度。学校领导要充分认识培训工作的重要性和紧迫性,合理安排,统筹规划;积极鼓励和支持本校教师参加培训,把教师参加培训的成绩作为其职务聘任、晋升的重要依据。

2. 培训中多一些对教师的尊重和关怀

要改变一些培训机构工作人员的工作作风和态度,培训机构要从"管理者"的角色转变为"服务者"的角色。讲究工作方式和方法,充分尊重教师,把统一要求、严格管理与关心教师结合起来。在培训中真正体现以"教师为本",尊重受训教师的主体地位,在培训内容、培训时间和地点等方面充分听取他们的意见和建议。加强培训者与被培训者之间的交流与沟通,大力提倡"参与式"培训,鼓励培训者与被培训者之间积极互动,改变培训者"一言堂"的作风。培训者把自己要讲的主题呈现出来,鼓励听课教师就这一主题谈谈自己的观点和看法,互相讨论,活跃课堂气氛。探索多种培训形式,尽量为教师提供方便,如"送教下乡"和"校本培训"就是比较好的培训形式。

3. 提高教师参与培训的积极性和主动性

素质教育和新课程改革对教师素质提出了更高要求,教师自身必须重视和加强培训和自我提高。广大教师要增强自学和自我提高能力,提高教师在教学和课程培训中的反思能力,反思自己和他人在教学

实践活动中的经验教训。要善于在与课程专家的交流中进行反思，平时注重学习教育教学基本理论，注重汲取先进的教育理念、教育思想、教育方法和最新科研成果，广泛涉猎前沿课程改革信息，课改成功经验、动态等，不断加强自身理论水平和教育教学水平的提高。培训应更多关注学员的实际需要与问题，而不是以培训者的资料占有为中心。要深入分析教师的知识需求和兴趣，注重教师的实践性知识在教师培训中的地位。实践性知识包括教师的信念、教师的人际关系处理及知识、教师在教育教学中处理意外事件的能力和知识等。实践性知识的培训在一定程度上比灌输学科知识、教育理论及模仿教学技能更重要。要加强对培训者的培训，培训者素质高低直接影响着培训质量。实践中，培训者一般包括大学教师、教育行政部门的领导及中小学校长等。大学教师偏重教育理论和专业知识的培训，缺乏中小学教育教学的实际经验；教育行政部门的领导及中小学校长重视教育实践经验的培训，教育理论深度不够。为了提高培训质量，应加强对培训者的培训，加强培训者之间相互交流与沟通，彼此之间相互学习，取长补短，提高培训者的教学艺术。

(三)建立与新课程改革相适应的考试与评价机制

新课程改革过程中家长对学校的要求还是升学率，考上全国重点大学多少人，有没有状元?这对校长和老师产生了无形的压力，考试特别是高考“指挥棒”的作用是不容置疑的。因此，我们要充分发挥考试的这种导向作用，用考试改革来引导课程改革，加大中考、高考的改革步伐，使之尽快与新课程改革相配套。实践证明，如果没有相配套的科学可行的考试特别是中考、高考制度，新课程改革很难取得预期效果。同时，不科学的评价制度为新课程改革设置了重重障碍。评价学校、教师和学生好坏的标准到底是什么？不解决这个问题就会在思想和行动上造成混乱。要改变以升学率和分数作为评价学校和学生好坏的唯一标准的错误做法，积极探索科学合理的评价体系，要把过程评价与终结评价结合起来，把学生的全面发展与个性差异结合起来，逐步建立科学合理的评价体系。

第二节　课程改革的价值取向和实践意义

一、新课改背景下教师的价值取向

当代社会转型和人们思想观念的嬗变,交织成我国社会一场全面而深刻的变革。市场经济的发展、外来文化以及网络文化的影响,对人们的工作与生活产生了巨大冲击和影响,教师也不例外。

(一)法律规定了教师的价值取向——教师的职责

从中国历史看,历代对教师职业价值的认定主要停留在社会功用上。只有中华人民共和国的成立,才赋予了新中国人民教师新的生命意义。为吸引优秀人才充实到教师队伍中,1993年,全国人民代表大会制定并通过了《中华人民共和国教师法》,第一次用法律形式指明:“教师是履行教育教学职责的专业人员”,并提出了一些时代对教师职业的新要求。1998年,教育部颁发了《面向21世纪教育振兴行动计划》,其中“跨世纪园丁工程”突出了提高教师基本学历、加强在职和骨干教师培训等一系列工作。1999年,全国教育工作会议召开,会议强调了培养学生创新精神和实践能力这一当今社会发展对人才提出的新要求。

(二)社会道德决定了教师的价值取向——教师的职业道德

教师的职业道德,简称“师德”,它是教师和一切教育工作者在从事教育活动中必须遵守的道德规范和行为准则,以及与之相适应的道德观念、情操和品质。教师的道德素质并不是指规范、准则本身,而是教师把这些规范、准则逐步内化,成为教师从事教育事业的准则。教师劳动的知识性、专业性、艺术性、复杂性、长期性、示范性与创造性的特点决定了教师素质构成的特殊性。经过大量理论和实验研究表明,教师素质是顺利完成教学任务、培养人才所必须具有的身心的、相对稳定的、潜在的基本品质。其本质特点是指教师自身的质量,即教师身心发展的总水平。其构成要素主要是教师的机体素质、文化知识素质、道德素质与心理素质等。

教师既是教育者,又是受教育者。教育者必先受教育,即"正人者必先正己"。教师应通过多种渠道与方式培训学习,增强自觉进行价值观教育的意识,使自身在价值取向上达到较高层次。

(三)社会需要左右了教师的价值取向——教师的具体价值目标

教师的具体价值目标主要是指教师必须教会学生如何做人、如何做事两个方面。

1. 教育学生学会做人

学做人必须坚持以德育为基础。要有针对性地开展爱国主义、集体主义和社会主义教育,开展中华民族优秀的传统文化教育和优良革命传统教育,以及基本国情、国内外形势教育和民主法制教育。学做人应注重培养现代人的品质并促进其个性发展。尊重受教育者的人格、个性,处理好全面发展与个性发展的关系,鼓励创新是现代人自身完善的需要。我国教育不能忽视培养学生作为现代人的品质,应通过各种途径和方式,有意识地培养受教育者乐于接受新的思想观念和社会变革的品质。增强关心、参与集体和社会事务的意识,树立讲求效率守时惜时的作风,培养尊重科学、实事求是的良好品行,同时还必须注重不断加强教育自身现代化。

2. 教育学生学会做事

教育学生学会做事就是要教学生如何去适应社会需要。市场经济发展需要什么样的人才,学校教育就应该培养什么样的人才。非基础教育院校要深入市场开展认真的调查研究,根据社会需要及时调整或增减所开设的课程,真正做到把学生培养成符合社会需要的合格劳动者。同时,也应注意培养学生能够根据社会需要及时调整自己的知识结构,以适应社会发展的需要。无论教人做人,还是教人做事,都离不开教师的引导和教育。

(四)教师职业特点决定了教师的价值取向——教师要走专业发展的道路

教师是教育的实施者,教师水平的高低直接影响着教育效果。社会的发展对教师职业的要求越来越高,随着时代的发展和科学的进步,教学内容随着社会发展不断提高,原来的某些教育内容已经不适应社会发展,许多新的教育内容又在不断地涌现。这就要求教师自觉跟上时代的步伐,不断进行自身知识结构的新陈代谢,要求现代教师具有不断更新自己教育技术的意识,不断追求新知,并有意识地运用于教育教学活动,必须具备终身学习的观念和浓厚的科研意识。因此,"教师即研究者"是时代对教师的要求。

教师的工作,包括教学工作是富有创造性的工作,教师要使自己在职前培养中初步奠定的合理知识结构能在以后的教师工作中发挥作用,就要在保持知识结构开放性的同时,还必须学习和提高自己"转识成智"的能力,即用智慧去驾驭信息和知识的能力。教师创造性的这一特点必然要求教师要研究所传递的知识及其构成,研究传递知识的方法与途径,研究学生,研究教学,将知识、方法、价值融为一体,使教师摆脱"教书匠"的困惑,使平凡的工作得以升华,变得更富价值。教师应深刻理解自身价值的独特功能和整体意义,进而努力学习"练内功",提高自身知识、能力、方法、人格的水平,为教育的振兴、发展作出应有的贡献。

教师的劳动直接创造社会的精神财富,也间接创造物质财富。教师的劳动,从宏观上看同经济发展与社会发展、国家兴衰与人类文明有着极大的关系,从微观上看它对一个人的成长和发展起着特别重要的作用。所以,全面客观地认识教师劳动的价值、价值体系,有利于增强教师的神圣感、责任感、使命感,也有利于教师在日常行动中自觉地选择正确、全面的价值观,有利于教师劳动价值的最大实现。

二、新课程结构的价值取向

普通高中新课程在课程结构上突出强调了以下几方面的价值取向:

(一)重视课程实质结构的变革,加强艺术课程和技术课程

普通高中仍属于基础教育,其课程应体现基础性,应促进学生素质的整体发展,特别要在掌握基础知识和基本技能的同时,有效地促进学生的批判精神、价值判断能力、自主选择能力以及独立人格的发展。以此为前

提,普通高中还应强化课程的选择性,充分发展学生的个性,初步培养学生的人生规划能力和自主学习能力,同时还要切实增加课程内容与现实世界以及学生生活经验的联系。这些都是普通高中课程实质结构的变革,这次新课程形式结构的设计就是以此为依据展开的。

在普通高中课程实质性结构改革方面,最为引人注目的是对学生艺术素养和技术素养的重视。随着科技的迅猛发展,特别是信息技术、新材料技术、新能源技术、现代生物技术等新技术的发展,技术在经济和社会发展以及个人生活中的作用越来越被强调,技术在促进文化融合和人们的理解与沟通方面也显得日益重要。技术教育不仅可以引导学生融入技术世界,增强学生的社会适应性,激发学生的创造欲,培养其创新精神,而且可以增进学生对文化的理解,改善学生的学习方式,提高其实践能力和信息交流与表达能力。新课程摒弃以往高中不重视技术教育的传统,专设“技术”领域,同时重视“信息技术”和“通用技术”两部分,既符合时代的要求,又满足学生发展的需要。

教育的终极目标不是教给人“生存技能”,而是要创造“生命质量”,关注人的“灵魂建设”,因此,我们培养的学生必须同时在知识、身体和人文三个维度上获得发展。而“生命质量”的提升、“灵魂建设”的加强以及人文维度的拓展,都离不开艺术。毫无疑问,没有艺术的教育是不完整的教育,排斥艺术的课程不可能提升人的生命质量。新课程将“艺术”作为一个独立的学习领域,并努力倡导综合化的艺术课程,将舞蹈、戏剧等多种艺术门类与传统的音乐、美术一起纳入学校课程,这无疑从结构上弥补了以往高中课程不重视艺术教育的一大缺陷。

(二)整体关注课程结构的调整,力求学科结构的新突破

历次高中课程改革,在课程结构上都要关注科目结构的调整。但科目结构只是课程结构的一个层面,在其上下还分别有宏观的和微观的层面,课程结构改革必须整体地、协调地考虑这些层面。这次新课程在“科目”之上设计了“学习领域”。学习领域的设计借鉴了国外高中课程设置的成功经验,体现了课程的综合性以及全面发展和个性发展的辩证关系,从更宏观的层面为课程结构的改善提供了保证。领域设计合理了,科目

设置才可能合理。

科目结构主要是科目之间的联系,在其之下,是科目内的结构,即通常所说的“学科结构”。众所周知,学科结构问题通常被当成一个教材问题,而教材结构问题又往往被当做是教材内容的增减问题,因而教材或科目在形式上到底应以什么方式存在一直没有得到很好的研究,而这个问题同样关系到学科的价值走向,是普通高中课程结构改革必须予以关注的。

新课程在这一点上作了一次极具创造性的探索,即在科目之下设模块。如果说设置学习领域更多是给教师和学生以价值引领,那么,将科目分解为相互独立又相互关联的若干模块则是普通高中课程改革在课程结构调整上的重大举措。

以往的高中教材往往以“单元”的方式来设计,单元之间以知识的逻辑联系为纽带加以线性组织。“模块化设计”不同于这种“单元式设计”,单元表面上固然具有一定的独立性,但从根本上看,每一个单元大多只是知识链条中的一个环节。而模块则具有更大的综合性和更强的相对独立性,模块与模块之间的关系不同于单元与单元之间的关系,后者往往是线性的,必须前后依次展开,而前者则可能是并列的,甚至是可跳跃的。

模块设计使科目内的结构有了新突破,特别是促进了课程内容的整合,提升了课程的灵活性和选择性。

(三)加强课程的选择性,真正促进学生的多样化发展

缺乏多样性和选择性是我国普通高中课程结构由来已久的问题。从实践看,我国普通高中的课程基本是一种“同一型”的课程。这种课程最终只能造就同一化的、无个性的人(学生):他们不会自主选择,不会随机应变,不能自主活动,只会适应僵死的、一成不变的环境。人本来是多样的,人的多样性构成了人的存在本身的真实。社会对人才的要求也是多样的,现代人必须有能力适应多样的、迅速变化的环境。“同一型”课程结构以为让所有学生学习相同的课程,这就保证了学生全面发展的实现,而事实上,全面发展绝不等于平均发展,全面发展的基础和含义之一就在于

让所有学生个性化的发展。“同一型”课程结构也并不能保证高质量的教育,因为高质量的教育也并非是等质的教育。高质量的教育必定是在充满活力的环境中,所有学生都充分实现其发展的可能性的教育。而要使潜质不同、兴趣各异的所有学生都实现其发展的可能性,学校课程就必须是多样的和可选择的。这种多样化和选择性的课程,不仅使学生能在有选择的基础上制订自己的学习计划,培养其人生规划能力,而且将使学校走上特色化之路。多样化是实现课程选择性的前提,没有多样化就不可能有选择性。

(四)体现基础性,加强课程的整合

普通高中教育是基础教育的最高阶段,其课程应有适当的分化,因而《基础教育课程改革纲要(试行)》(以下简称《纲要》)明确指出:“高中以分科课程为主。”但是,这并不意味着高中课程无需整合。

普通高中课程新方案重视课程设置的整合,这主要体现在:设置学习领域,以学习领域为单位构建课程,力图促进领域内各科目间的沟通与渗透;设置综合科目,如艺术、技术等,力图在科目层面加强整合。但是,课程设置的整合在高中阶段的空间终究是有限的,普通高中课程新方案在此之外还特别重视了科目内的整合,这是以往历次课程计划都未曾有过的。科目内的整合主要通过模块的综合化来实现。

在不同的科目里,模块的综合化程度各有不同,但模块的设计尽可能综合化的思路是一致的。既重视学习领域和课程设置的综合,又重视科目内各模块的综合,是普通高中新课程方案的一大特点。正是依靠这一特点,普通高中课程的整合取得了新的进展。

三、新世纪新课改的实践意义

为什么要进行新课改?从根本上说,课程改革的动因是我们面临的社会环境已经变了:在知识经济时代、信息社会当中,知识以人们无法想象的速度在增加和更新,我们若不想被淘汰,就必须不断学习、终身学习。这就是说,具备学习的愿望、兴趣和方法,比记住一些知识更为重要。真正对学生负责的教育,应当是能够促进他们全面、自主、有个性的

发展。显然,全国"万校一书"的课程体系、"万人一面"的培养方式,肯定不能适应社会发展的需求。另一方面,由于高中教育已经基本普及,高中教育的功能也随之发生了变化:从只面向少数人的精英教育,转变为面向全体学生的大众教育,高中教育的目的和任务不再是只为大学输送合格新生。当高中毕业生可能继续升学,也可能直接走向社会时,高中教育就应当转变为培养学生的"人生规划"能力、职业意识和创业精神,这些正是新课改十分强调的。此外,这次新课改借鉴了先进国家的课改经验,是对世界课程改革潮流的自觉顺应,这一点在高中课改中尤为明显。

随着新课改的推进,人们已经感受到了一些变化:各地用的课本不是完全一样的;教师上课不是"紧扣教科书"了;学生的"问题"多起来了;"中考"改为"初中毕业生学业考试"了;高中录取不是只看分数了。这次课改不同于以往任何一次课程改革,它是在新时期适应新挑战,新时代加快新发展的大背景下,努力培养创新型、能力型、复合型人才需要的一场深刻的教育革命,这场教育革命要求全社会特别是教育工作者从思想上高度重视,不断更新教育观念,全面理解和掌握新课改的内容和要求,以积极的态度和饱满的热情迎接新课改。

(一)实施新课改是坚持"三个面向",深化教育改革的迫切需要

《中共中央、国务院关于深化教育改革全面推进素质教育的决定》对素质教育基本精神做了科学、精辟的阐述,进一步明确实施素质教育就是要坚持"教育面向现代化、面向世界、面向未来"的指导思想,全面贯彻党和国家的教育方针,加强和改进青少年学生的思想品德教育;以提高国民素质和民族创新能力为宗旨,着重培养学生的创新精神和实践能力;深化教育改革,构建适应终身学习需要的教育体系。2001年国务院召开的全国基础教育工作会议指出,要把落实课程改革作为推进素质教育的核心工作来抓。2003年9月国务院出台的《国务院关于进一步加强农村教育工作的决定》中,提出农村教育"必须全面推进素质教育,紧密联系农村实际,注重受教育者思想品德、实践能力和就业能力的培养","深化教育教学改革,根据农村实际加快课程改革步伐"。由此可见,课程改革被鲜明

地提到了促进素质教育取得突破性发展的关键位置上。因此,我们一定要充分认识这次课改的现实意义和深远的历史意义,从实施科教兴国战略的高度,从提高民族素质、增强综合国力的高度,来认识推进基础教育课程改革的重大意义。

(二)实施新课改是改变“应试教育”、推进素质教育的迫切需要

跨入新世纪,特别是第三次全国教育工作会议以来,素质教育思想逐渐深入人心,正如李岚清同志所指出的:“从总体上看,素质教育的成效还不够明显,尚未取得突破性的进展。一些地方开展素质教育还是号召多而落实的措施少,一些学校对素质教育的理解实施存在简单化、片面化的倾向,个别地方应试教育愈演愈烈。”安徽省教育厅厅长陈贤忠认为,基础教育要摆脱“应试教育”的惯性和影响,全面推进素质教育,核心的问题和关键环节有四个方面:一是积极推进课程改革,二是改革和加强德育工作,三是改革考试评价制度,四是建设高素质的教师队伍。这四者中,课程改革又是核心和关键:中小学德育内容、方法、渠道都必须通过课程改革来实现,改进和加强德育必须以课程为载体,通过教师言行示范、以德施教,并形成良好的校风、教风、学风来实现。考试评价制度改革,是课程改革的重要组成部分;没有考试评价制度改革的课程改革不是真正意义上的课程改革;而教师不参与课程改革,是很难全面提高自身素质的。因此,他强调必须把基础教育课程改革摆在“重中之重”的地位,切实抓紧抓好,使素质教育的实施取得实质性的进展。

(三)实施新课改是适应新形势,推动经济、社会发展的迫切需要

当今社会有三个发展特征:第一个特征是知识经济;第二个特征是国际竞争空前激烈;第三个特征是人类生存和发展面临着困境。这三个特征要求我们的教育要培养一大批有知识、具有创新精神和能力、有理性力量的人。与此相对照,在我国改革开放和社会主义现代化建设进入新的时期、科学技术日新月异发展的今天,课改前的基础教育课程存在着不少

问题:教育观念滞后;人才培养目标同时代发展需要不能完全适应;思想品德教育的针对性、实效性不强;课程内容存在着“繁、难、偏、旧”的状况;课程结构单一,学科体系相对封闭,难以反映现代科技、社会发展的新内容,脱离学生经验和社会实际;学生死记硬背、题海训练的状况普遍存在;课程评价中过于强调学业成绩和甄别、选拔功能;课程管理强调统一,致使课程难以适应当地经济、社会发展的需求。这些问题的存在,以及它们对实施素质教育的制约和不良影响,意味着新一轮课程教材改革势在必行。

(四)实施新课改是世界各国应对国际激烈竞争的迫切需要

在当今世界各国,基础教育课程改革也受到了前所未有的重视。新世纪人们更加关注知识创新和技术进步对经济增长的贡献,各国经济的竞争已演变为对知识和人才的竞争。近年来,世界许多国家特别是一些发达国家都把基础教育课程改革作为增强、积蓄未来国际竞争实力的战略措施加以推行,非常关注以基础教育课程改革为核心的教育改革。无论是反思本国教育的弊病,还是对教育发展提出新的目标和要求,往往都是从基础教育课程改革入手,通过改革基础教育课程,调整人才培养目标,改变人才培养模式,提高人才培养质量。如美国制定了《2000年目标:美国教育法》,提出所有8岁儿童都要学会阅读,所有12岁儿童都要会用互联网,中小学每门课程的课时分解为讲座、课堂实践、工场或实验三个部分。日本每10年更新一次基础教育课程,其最近一次实施的新课程中心思想就是要让学生能够轻松生存和愉快学习。韩国1997年开始进行新课程改革,强调实验、讨论、自主活动、社会服务等亲身体验学习活动的重要地位,同时引入“区别性课程”的概念,即不同学生学习的内容也有所不同。在我国,《国务院关于基础教育改革和发展的决定》深刻指出:“基础教育是科教兴国的奠基工程,对提高中华民族素质,培养各级各类人才,促进社会主义现代化建设具有全局性、基础性和先导性的作用。”因此,要应对21世纪的国际激烈竞争,新一轮课程改革是中国基础教育必然采取的重要行动,它对于全面推进素质教育、提高国民整体素质和综合国力必将产生重大而深远的影响。

思考题

1. 如何评价基础教育新课程改革?

2. 针对基础教育新课程改革中出现的问题,你认为应该如何解决?

3. 新课改背景下教师的角色有哪些变化?

参考文献

[1] 中华人民共和国教育委员会.全日制普通高级中学思想政治课课程标准(试行)[M].北京:人民教育出版社,2004.

[2] 石鸥,刘丽群.面向21世纪基础教育改革——课程改革中的若干问题[M].广州:广东教育出版社,2004.

[3] 钟启泉,崔允漷,张华.为了中华民族的复兴 为了每位学生的发展〈基础教育课程改革纲要(试行)〉解读[M].上海:华东师范大学出版社,2001.

[4] 钟启泉,崔允漷.新课程的理念与创新——师范生读本[M].北京:高等教育出版社,2003.

拓展阅读文献

[1] 刘强.思想政治学科教学新论[M].北京:高等教育出版社,2003.

[2] 任长松.课程的反思与重建——我们需要什么样的课程观[M].北京:北京大学出版社,2002.

[3] 钟启泉,崔允漷,吴刚平.普通高中新课程方案导读[M].上海:华东师范大学出版社,2003.

[4] 赵明华.解读新《普通高中思想政治课程标准》[J].思想政治课教学,2004(21).

[5] 朱慕菊.走进新课程:与课程实施者对话[M]北京:北京师范大学出版社,2002.

第二章　科学使用和解读教材

——思想政治(品德)高效课堂构建的重要前提

新课程改革背景下,思想政治(品德)教师要树立科学的教材观,并在科学教材观指引下科学解读教材内容,实现教材内容向教学内容转变。教师在解读教材的时候,要忠于课标、高于课本,要坚持科学立场,确立衔接理念,具有问题意识,对教材进行内在性、外在性、探究性等全方位的分析与解读。

第一节　新课程背景下教师教材观的转变

一、科学把握教材内容与教学内容的区别与联系

长期以来,教师一直受到“三个中心”的影响,即在课堂教学中以教师为中心、教师以传授知识为中心、知识又以教材为中心。这种影响牢牢地束缚了教师的教学思想及教学行为,教师不敢越雷池一步。于是教学大纲、教材、课堂上教师教的内容、学生学习的内容以及考试的内容这五者的关系都必须一致,以至于到后来甚至演变成了“考什么、学什么、教什么”,出现了越教越死、只背结论不讲过程的现象。教学内容到底等不等于教材内容?要弄清楚这个问题,我们先要弄清楚四个相关的概念:课程目标、课程内容、教材内容、教学内容。

“课程目标”是课程标准层面的概念,它主要面对“是什么”的问题——为了适应现代社会和学生个体的发展,国家期望学生素养“是什么”。课程目标包括知识,能力,情感、态度与价值观这三个方面。理想的情况是目标应该得到明晰的表述,以使大家对目标的内涵有一致的理解。

“课程内容”是课程具体形态层面的概念,它主要面对“教什么”的问

题——为了有效地达成课程标准所设定的教学目标,课程研制者建议“一般应该教什么”,即课程涉及的主要领域。

“教材内容”是教材具体形态层面的概念,它主要面对“用什么去教”的问题——为了使广大学生较好地掌握既定的课程内容,教材编制者提供“通常可以用什么去教”的建议。

“教学内容”是教学层面的概念,它同时面对两个问题:第一,针对具体情境中的这一班学生乃至这一组、这一个学生,为使他们或他(她)更有效地达成既定的课程目标,“实际上需要教什么”。第二,为使具体情境中的这一班学生乃至这一组、这一个学生能更好地掌握既定的课程内容,“实际上最好用什么去教”。教学内容既包括在教学中对现成教材内容的使用,也包括教师对教材内容的“重构”——处理、加工、改编乃至增删、更换;既包括对课程内容的执行,也包括在课程实施中教师对课程内容的创生。“教学内容是在教学过程中创造的”,它逻辑地蕴涵着教师参与课程研制、用教材教和教学为学生服务等理念。

当教师了解了这几个相关概念的区别后,也就明白什么是教学内容了,所以不能再单纯、片面地将教材内容理解为教学内容。

考查两个定义,我们不难发现,两者有联系也有区别。

(一)联　系

两者相联系的一面表现在:

(1)教材内容是教学内容的基本组成成分,没有教材内容,教学内容只是空中楼阁。

(2)教材内容是教师教什么和学生学什么的主要依据,教师选择和组织教学内容总是依据教材进行的。

(3)教学内容是教材内容的反映,是教材内容的展开和具体化。

(二)区　别

两者相区别的一面是:

第一,两者是一种整体与部分的关系,教学内容涵盖了教材内容,教材内容只是教学内容其中一个重要部分。

第二,教材内容具有相对稳定性,教学内容则具有动态性。教材内容一旦确定,在一定时期内基本保持不变,而教学内容可以依据教学目标、教学实际情况对教材内容进行取舍或重新组织,具有相对的灵活性。

对两个概念作出界定,目的是为了科学地对教学内容进行组织和设计。时代在不断发展,社会需求、学科也在发展,知识更新日益加速,为了学生发展与素质教育的需要,应适当地调整与更新教学内容,破除基础知识不变的看法,审慎地对传统教材作必要的改动与增删,这也是必要和可行的。教学内容既然是对教材的再加工,这中间就有裁剪取舍和编排组织的问题。新课改以前,中学政治课程内容中有些知识偏难偏深,或脱离学生生活实际,使学生失去了学习兴趣,这些显然都是不利于学生发展的。应敢于割舍非基础性和不必要的内容,适当降低难度。而对于那些对学生终身有用的、影响其发展的内容,要肯于花费时间去精心安排,认真设计。

二、新课程背景下的教材观

(一)教材是“教学材料”,不是“教学事实上的唯一依据”

毫无疑问,教学首先要解决“教什么”的问题。在以应试教育为取向、全国使用统一的教学大纲和统编教材的政策背景下,教师不约而同地选择了“教教材”。把教材当做“学校教学事实上的唯一依据”,实质上是没有真正理解教材的本质,没有理清教材和课程标准的关系,从而混淆了教材和课程标准各自的功能。事实上,课程标准才是教材编写、教学、评估和考试命题的依据,是教师行动的唯一指南,而教材只是课程专家、学科专家和教师共同开发和制定的一些基本的教和学的材料,是课程实施的物质载体。迷信教材、根深蒂固的“教材情结”势必导致教师和学生以本为本,强塞硬灌,强记硬背,教学方式和学习方式的根本变革便无从谈起。教材的功能不在于为教师提供一种“法定文本”,让教师俯首就范,而是定位于为教师的教学服务,为教师精心打造和提供可以利用的课程资源。所以,在“教什么”的问题上,认真学习课程标准,充分领会课程理念,切实实现从“教教材”向“用教材教”的转变,是新课程对广大一线教师提出的迫切要求。

(二)教材是“范例性的中介材料”,不是学生认识和学习的客体

新课程背景下,教师要紧扣教材的“范例性”特征,即把教材看做引导学生认知发展、人格建构的一种范例,而不是学生必须全盘接受的认知对象和内容。它是引导学生认知、分析、理解事物并进行反思、批判和建构的中介材料,是案例或范例。因此,新课程的教材观强调教材是促进学生发展的“文化中介”,是师生对话的“话题”,师生进行教学活动的目的不是记住“话题”本身,而是为了借助“话题”这个中介进行交往,在互动交往中,创造新经验,建构新意义。

(三)教材是一种富于变数和弹性的课程资源,而不是教师必须恪守的律条

在教学实践中,教师往往把教材内容当成教学任务来完成,对教材安排的课时、进度、章节、逻辑体系乃至观点不敢作丝毫调整变更,这就导致了教师为完成教学任务、讲深讲细教材“知识点”赶时间、赶进度疲于应付教学的现状。为此,实施新课程必须让教师从教材中走出来,从一个新的角度和高度去看待和处理教材。如果我们仅仅把教材视为一种课程资源,一种充满了变数和弹性的课程资源,那么,对教材内容的取舍、对教学进度的安排、对放手让学生自主学习,就不再是令教师不安的事情。相反,新课程赋予教师和学生的课程权利在这里得到了充分的尊重和实现。

三、新教材观下的思想政治(品德)教师教材处理策略

在新课程视野中,课程内容并不是预先存在、独立于实施者之外、完全客体化的知识,真正的课程是教师和学生在互动中生成的经验。以教学为主要途径的课程实施过程,本质上是在具体的教育情境中缔造新的学习经验的过程,课程内容只是为这种经验的生成提供的材料、范例和媒介。因此,教学策略理所当然地包含了对教材(主要的课程内容)进行提炼、转换和加工处理策略。应该说,随着新课程的全面实施,随着人们对

教材的认识的进一步深化,教师创造性地处理教材的空间越来越大。

教师处理教材的策略水平,不仅是教师基本素质、教学水平的直接体现,同时也成为教师能否适应新课改、实现自身专业发展的当然反映。

(一)教材的情境化处理

学生无不在一定的情境中学习,学生学习时所面对的一系列刺激都可视为"情境"。教育情境有以下特征和优点:感性因素丰富,具有直观性;内部蕴涵主题,具有典型性;可以反复感知,具有稳定性。美国心理学家加涅就把教学看成是安排一个个"教学事件"、提供合适的"学习条件"以促进学生学习的活动。而在当代建构主义的"支架式"、"抛锚式"等教学设计模式中,"创设情境"的思想更是随处可见。

对教材进行情境化处理,要求教师:

(1)收集与教材相关联的课程资源,使之作为教学情境的一部分和教学的支持条件;

(2)获取并提供替代经验,使学生"身临其境"地体味知识产生的过程;

(3)精心安排"刺激物",激发学生的好奇心和求知欲;

(4)运用模拟情境,让学生置身其中,充分发挥其想象力和创造力。

(二)教材的生活化处理

生活中蕴藏着巨大的甚至可以说无穷无尽的教育资源,一旦将生活中的教育资源与书本知识两相融通起来,学生就有可能感受到书本知识学习的意义和作用,就有可能意识到自己学习的责任和价值,就有可能增强自己学习的兴趣和动机,学习就有可能不再是一项枯燥无味的任务,而是一项乐在其中的美事了。让课程回归泥土(物质家园)和乡土(精神家园)是新课程倡导的重要理念。对教材进行生活化处理就要求教师实现教材内容和学生现实生活的对接,实现与学生经验世界的对接,促进学生运用来自现实生活的个性化经验去同解同化新经验,从而更好地达到新旧知识的融会贯通。

为此,教师在备课活动中应该考虑下面三点:

(1)学生在有关本节课的知识点方面已经积累了哪些生活经验?

(2)现实生活中哪些经验可以作为本次教学的铺垫?

(3)让学生从事哪些实践活动可以强化对这些知识的掌握?

(三)教材的问题化处理

"问题"能揭示矛盾、激起疑惑,推动人们产生解决的欲望。教材内容的问题化,实际上是将"定论"的材料,转化为引导学生探究"问题"形式,变被动的接受学习为主动的发现学习。其关键是真正挑起学习认识上的矛盾,形成"认知冲突",使处于"问题情境"中的学生产生强烈的追本溯源的欲望,并通过一个个问题的解决,通过思考和探索活动,自主地建构知识。

教师对教材的问题化处理应从以下三个环节入手:

(1)将教材中定论性知识按其逻辑构成关系分设为若干问题,使之形成问题"链接";

(2)引导学生凭借自身努力(尝试、探索、调查、实验、合作等)进行问题求解;

(3)在问题解决过程中,注意培养学生的问题意识,并生成更多、更深刻的问题。

(四)教材的操作化处理

从一定意义上说,教材呈现的知识是"静"的知识,它只有通过学生的"活动",通过学生的种种"操作",才能内化为学生头脑中的经验系统。教材的操作化处理实质上就是将那些能够让学生通过活动操作而掌握的知识,尽可能编织在一个有序的活动中,用"动"的方法来转化"静"的知识。它对教师的要求是:

(1)引导学生动手、动口、动脑,在动中学、做中学;

(2)尽可能多安排"主动性作业",帮助学生主动建构;

(3)科学地设计多样化的练习。

(五)教材的结构化处理

对教材内容的学习,要尽可能让学生掌握知识的结构,而不能"只见树木,不见森林”,因为学生的认知结构是由良好的知识结构转化而来的。美国心理学家布鲁纳曾提出“结构原则”,即要求教师选择适当的学科知识结构,并选择适合于学生认知结构的方式组织教学。他认为,把教材组织成一定结构形式,有助于同化新学知识,记忆具体细节;有助于将新学知识迁移到其他情境中去;有助于学习更高一级的知识。对教材内容的结构化处理,依赖教师对教材编写体系的熟练把握,依赖教师驾驭教材的高超技巧,这非一朝一夕之功。但教师至少可以做到:

(1)帮助学生提炼出教材内容的“纲要信号”;

(2)利用“先行组织者”,加强教材的纵横联系;

(3)指导学生自己去构建知识系统框架。

新课程孕育了新教材,新教材的使用又依赖于教师新思想、新行为的支撑。我们深知,让教师摒弃他们多年如一日所形成的、早已烂熟于心的旧的思想观念和行为模式,是一件极其艰难和痛苦的事,但蜕变是注定的,教师只有在经历这种蜕变后,才能肩负起新课程的重任,一旦完成蜕变,前面就是一片新天地。

第二节　思想品德新课程教科书的特点和使用

一、思想品德新课程教科书的特点

思想品德新课程教科书是根据思想品德课程标准,并在对教科书现状的调查研究和教科书国际比较研究的基础上编写的,无论是在编写理念的确立、教学内容的构建,还是教科书的呈现方式、编写风格、装帧版式等方面均体现了一定的创意,富有时代色彩。

(一)新编教科书体现了教育内容的生成性,适合学生主动学习、培养和发展技能的需要

第一,教科书是课程内容的载体,也是引导学生学习的文本。新编思想品德教科书注重学习的过程与方法,运用有意义的案例来呈现问题;提供问题发生的情境和分析问题的思路,帮助学生在解决问题的过程中活

化知识,建构知识;注重认知工具的给予,注重信息资源的扩展和更新;以学生能够接受和乐于参与的方式组织和表达教学内容,创设了学生基于问题、情境和案例进行学习的教科书形式;以更加符合学生认知规律的科学结构,引发学生的学习动机,启发学生的学习思维,引导学生主动参与学习活动。新编教科书使内容的呈现和活动的设计融为一体,即内容活动化,活动内容化,从而体现了教育内容的生成性。

第二,教科书适合培养和发展学生技能的需要。新编教科书内容的选择符合课程标准的要求,体现了学生身心发展的特点,反映了社会、政治、经济和科技的发展需求;教科书内容的组织多样、生动,有利于学生主动探究知识的发生和发展,并提出了让学生观察、调查、讨论的建议。这样,有利于培养和发展学生的技能。

第三,教科书有助于促使学生形成正确的意识、理念和价值观。思想品德新课程教科书在内容选取方面,注重选取最适合中学生年龄特征的相关德育内容,以及学生生活和社会生活中的典型事例为主要素材,使学生能够得到切合身心发展需要的教育和引导,从而提升情感、态度与价值观教育的实效,有助于促使学生形成正确的意识、理念和价值观。

(二)新编教科书追求内容的整合性,避免德育课程学科化的倾向,构建促进学生形成良好思想品德的知识体系

生活和德性成长不是某一个学科研究的问题,而是多学科研究的综合问题。因此,思想品德课程教科书在内容上也整合了多门学科知识,避免德育课程学科化倾向。为了达到这个目的,新编思想品德教科书的设计考虑了两个方面的问题:一是改变了把教科书仅仅视为传授学科知识工具的状况,从过分重视道德知识传授转向增强课程的德育功能、促进德性发展,即教科书在注意传授道德知识的同时,更加注重情感、态度与价值观的教育。二是遵循课程标准的要求,“选取现实生活中的素材”,“将心理健康、道德、法律、国情等学习内容有机整合,以生活主题模块的方式,统筹设计教科书结构”。也就是说,新编思想品德教科书不是按照学科知识的系统,而是按照生活中的问题、成长中的矛盾为主线,把心理、道

德、法律、国情等内容,依据其内在关系整合为统一整体。

(三)新编教科书的结构具有开放性,呈现方式体现了对学生多元化的引导

与传统教科书相比,呈现方式也是新编思想品德教科书的一大特色。新的呈现方式改变了传统的以课堂教学为主、教师授课为主和灌输式的教学方式为主的状况,而代之以问题为基础、情境为基础、案例为基础的教学方式。这种改革必然引发新的学习方式的产生,并建立起一个师生互动的平台。这对推动思想品德课学习方式、教学方式的改革具有关键意义。

二、思想品德新课程教科书的使用

新编教科书以生活主题构建体系,以学生乐于参与的方式安排和表述教学内容,以层次不同的系列开放性情景作为学生活动的素材。这种富有新意的设计要求使用教科书时要做到:

(一)注重联系生活实际

没有永恒的、抽象的思想品德,思想品德总是历史的、现实的。不同历史时代、从事不同社会实践活动的人的思想品德是不同的。即使是人类的公共道德,也会在不同历史时期、在变动的社会历史实践活动中呈现不同的含义。学生思想品德的形成是在现实的生活中自主建构形成的,因而教师要多联系学生的生活实际,做学生道德生成的帮助者、引导者。联系生活实际,要求教师要做到以下几个方面:

(1)要充分利用教科书提供的学生关注的话题,选取社会生活中有价值、有意义的事物或人物与学生共同讨论,以学生的视角来关注社会生活,开发和利用学生已有的生活经验,结合学生在生活实际中存在的问题帮助学生了解和掌握社会生活的要求和规范,提高学生的社会适应能力。在适当情况下,应组织学生走出学校到社会中去观察、收集素材,发动学生自主选择和确立讨论与观察的话题或事件。

(2)对教科书之外的社会生活有意义的事件、有争议的话题,教师

应该根据学生的特点及教学时间的安排,做一定的改造、加工,使之能够与学生思想品德形成的规律相符合,也能与学生的心理发展特点相符合。

(3)教师要正确认识自身在思想品德教学及在学生思想品德形成过程中的地位,正确处理教师与教科书的关系、学生与教科书的关系、主导与主体的关系,以教科书为媒介帮助学生形成思想品德,而不是试图通过教科书灌输来代替学生自己的思想品德形成过程。

(二)引导学生自主学习

新编教科书在教学内容的安排和表述上,有针对性地采取了多种方式,有讨论、辩论、听证的方式;有座谈、访谈的方式;有社会调查的方式;有事理交融的案例式;有归纳和演绎结合的陈述、求证式以及问题式等。这些方式要求教师在教学中,积极引导学生自主学习,主动探索社会现实与自我成长的问题,通过调查、讨论、访谈等活动,使学生在合作和分享中丰富扩展自己的经验,不断激发道德学习的愿望,提升自我成长的需求。

(三)注重学生的情感体验和道德实践

在教学中,教师要不断创造条件,丰富学生情感体验,引导学生道德践行,使学生感悟和理解社会的思想道德价值要求,逐步形成正确的道德观和行为习惯,而不能只局限于讲授和讨论教科书有关知识。为此,科学使用新编教科书,要求教师要完成三个转换:一是将教科书普遍的道德规范及道德情感体验转化为学生个体的道德实践内容,引发学生个体化的道德情感体验,实现个体层面的道德实践和体验;二是通过个体道德实践和道德体验,体会社会的思想道德价值要求,形成正确的道德观和行为习惯;三是以教科书为媒介,实现道德实践和道德体验的相互转换。为了实现这三个转换,教师必须深刻领悟教科书道德规范的普遍价值,了解学生的心理发展特点以及道德经验水平,在找到两者结合点的基础上,创设相应的道德学习情境,引导学生自主的道德实践,获得相应的道德情感体验。

(四)使用思想品德新课程教科书应该把握好的几对关系

1. 科学把握教科书与学生的关系

教科书作为学生道德学习的导引,通向道德世界的桥梁,其主要功能是帮助学生进行道德学习。因此,新教科书的编写,更多地考虑学生的"学",充分考虑了如何发挥学生的主动性、积极性,如何引导学生参与、体验、践行和思考。它已经不是学生的支配者、说教者,而是学生的对话者、商谈者。因此,在教学中,教师要以教科书为依托,积极引导学生开展自主学习和合作学习。

2. 科学把握教科书与教师的关系

在教学中,教师作为学生思想品德课学习的组织者、引导者,与学生共同使用教科书,教科书与教师的关系是平等的对话关系。教师应该积极开发教科书,帮助学生学习道德知识,活化教科书中蕴涵的德性精神,激发学生的道德需要,焕发他们的道德生命活力,促使学生产生做有道德的人的强烈愿望,以及提高他们的道德判断、道德选择、道德践行的能力。

3. 科学把握教师和学生的关系

新课程要求在教学上要营造良好的师生关系。教师作为合作者、组织者、引导者、参与者,在课堂上应尊重学习主体,把学习的主动权交给学生。教师要为学生创设适当的条件,营造恰当的氛围,使学生产生自主学习的愿望,增强自主学习的能力。教师既要成为"问题解决"的组织者,也要成为"问题解决"的参与者。在教学中,凡是学生能够做到的,或是在教师的引导启发下能够完成的,就应该让学生自己动手去做,教师不要包办代替。

4. 科学把握教科书与活动的关系

新编教科书设计了形式众多的活动,目的是使教科书更贴近学生的生活实际,让学生获得更多的实践体验。活动是教科书内容的一个组成部分,是教科书知识的拓展。为此,活动教学法应该成为思想品德课重要的教学方法。教师在教学中,一方面要充分利用教科书设计的活动,或以教科书知识为依托,自行根据实际设计活动,在活动中使用教科书;另一方面,要防止抛开教科书去搞活动的倾向,导致教科书的工具、向导、资源的功能得不到应有的发挥。

第三节　思想政治新课程教科书的特点和使用

一、思想政治新课程教科书的特点

(一)体现了引领学生塑造健全人格的现代教材观,是促进学生思想政治素质发展的重要文本

思想政治新课程教科书着眼于学生的思想政治素质教育,力图给学生提供知识,能力,情感、态度与价值观的全面教育,引领处于成长过程中的学生向更独立、更自觉、更富有创造性和责任感的健全人格发展。表现在:第一,教科书旗帜鲜明地进行主流价值引导。进入新世纪,我们的思想政治教育面临一个全新的生态环境:市场经济、全球化、对外开放、网络信息、价值多元化等新变化,要求思想政治课要进行主流价值引导。新教科书作为学生思想政治素质成长的向导,鲜明地体现了思想政治教育的目标要求,为学生提供了基本价值标准,有力地引导着学生沿着正确的方向和轨道学习。因此,在内容选取上,新教科书注重把最有价值的知识编进教科书,尽力寻求学科知识与教育价值的交汇点,使教科书能够成为促进学生思想政治素质发展的重要文本。在文字组织上,坚持用明确的语言表达思想政治要求,突出教科书的政治性和思想性,使学生能够认同正确的价值标准,把握正确的政治方向。第二,教科书引领学习活动不仅体现在思想政治方向的正确引导上,还体现在能提供多种活动设计,引导学生主动收集资料、寻求答案,以实现思想政治素质的自主建构。新编教科书编写注重学习的过程与方法的给予,体现教育内容的生成性,注重学生人生观、价值观、世界观的自主建构过程。在编排上,新教科书注重用有意义的案例来呈现问题,提供问题发生的情境和分析问题的思路,帮助学生在解决问题的过程中活化知识、建构知识,注重认知工具的给予,注重信息资源的扩展与更新,注重学生生活逻辑的主导,使内容的呈现与活动

的设计融为一体,即内容活动化,活动内容化。

(二)教科书构建了以生活为基础,以学科知识为支撑的知识体系,符合高中学生思想政治素质形成规律

生活是思想政治教育的根基,新编教科书内容以高中学生逐步扩展的生活为基础,让学生的思想政治素质培养回归生活。新编教科书根据课程标准的精神,立足于学生现实的生活经验,着眼于学生的发展需求,在充分考虑学生思想政治素质成长与学生生活、社会实践的关系的基础上,选取学生生活以及他们关心的现实生活和社会问题为教科书内容,并依据学生生理、心理、价值观、人生观、世界观形成的序列,把大量贴近学生生活、反映当代社会进步和科技发展的新成果作为素材加以综合化、典型化和主题化。把理论观点的阐述寓于社会生活主题之中,以生活主题的方式呈现课程标准的内容,构建学科知识与生活现象有机结合的教科书知识结构。

(三)教科书的呈现方式有利于深化教育方式和学习方式的改革,符合青少年的认知规律

新编教科书必修课程采用案例导入,理论与生活主题相结合的呈现方式,具体来说有以下特点:

1. 符合学生的认知规律

新教科书编写力求遵循从生动的直观到抽象的思维,并从抽象的思维到实践这一辩证唯物主义的认识路线。一方面,教科书通过案例导入、学习指导、实践活动的设计思路来实现思想政治教育由知到行、由感性到理性、再到实践的飞跃;另一方面,教科书在正文中引入大量的生活实例体现基本概念、基本观点和基本知识,从学生熟悉的材料和基本事实出发,引导学生对其进行分析,根据事例得出合乎逻辑的结论,形成基本观点,并进一步掌握技能和方法。可见,这种呈现方式是符合学生的认知规律的。

2. 突出了学生的主体地位

教科书在呈现方式的设计上始终贯穿和落实学生是学习主体的现代教育理念和要求,把教科书定位于“导学”的工具。因此,教科书力求搭建

各种学习平台,设计各种实践活动,提出各种问题,以引导学生自主地建构知识、参与活动、进行探究,进而培养获取新知识的能力。

3. 有利于教师教育方式的革新

教科书呈现方式的革新,必然促使教科书实施过程改变传统的以课堂教学为主、教师授课为主和灌输为主的教学方式,而代之以问题为主、情境为主和案例为主的教学方式。在这一过程中,教科书为教师提供了创造性的空间,搭建了一个师生互动的平台,推动着教育方式的不断优化。

(四)教科书的设计具有开放性和实践性,为学生学习提供了更宽广的平台

新编教科书设计具有开放性特点,主要表现为:第一,教学内容具有开放性。新教科书设计为多种教育信息资源交叉联系,通过资料链接指引,为学生学习提供了宽广的平台,使得教学内容体现出极大的开放度。第二,呈现方式的开放性。新教科书选用富有情节的实例或案例呈现问题,营造和创设解决问题的各种情景,并配以解决问题必备的相关知识,以促进学生在解决问题的过程中强化知识。第三,学习策略的开放性。新编教科书根据不同内容,设计了许多小栏目来倡导符合新课程理念的开放互动教学方式和合作探究学习方式,使学生的学习或依托案例学习,或基于问题学习,或基于活动学习,或基于调查学习,或基于实践学习。显然,新编教科书这种教育方式和学习方式的设计具有开放性的特征。除了开放性的特征外,新编教科书还具有实践性的特点。新编教科书必修模块的每个单元都设计了“综合实践活动”栏目,以引领学生在认识社会、适应社会、融入社会的实践活动中,感受经济、政治、文化各个领域应用知识的价值和理性思考的意义,进而提高学生运用已学知识分析问题和解决问题的能力。

二、思想政治新课程教科书的使用

(一)正确处理课程标准与教科书的关系

课程标准是编写教科书的依据,也是进行教学的依据。教科书是实施

课程标准的基本工具,也是进行教学的基本工具。所以,在教学中必须正确处理课程标准与教科书的关系。正确处理两者的关系,应注意两个问题:

1. 不可任意自行调整教学内容

课程标准是国家统一制定的,规定中小学课程设置和教学内容的纲领性文件,教科书又是依据课程标准编写而成的。凡是课程标准规定的“教学内容”,教科书基本上准确地、无遗漏地按照课程标准的文字规范进行表述;教科书的总体框架和逻辑顺序,也是基本依照课程标准的既定模式的。因此教师在教学时必须依照教科书确定的内容,不可任意调整教学内容。

2. 要创造性地使用教科书

依据课程标准编写教科书,是一种再创造,无论是内容还是形式,编者都有较大的选择空间。包括具体事例、材料的选择和补充,一些相关论点、概念的引用和说明,一些相关常识的借用和介绍,在节题范围内调整某些内容的顺序和比重等。而把教科书内容成功地运用到教学实践中,对教师来说也是一种再创造过程。教科书也存在一些不足之处:第一,教科书不能反映、满足不同地区的学生对知识的需求,具有地域限制性。第二,教科书反映学生的年龄特征不具有充分性。学生的年龄特征是变化的,教科书反映学生的年龄特征总是滞后的。第三,教科书面对的是全体学生,是按平均难度设置的,而不是按个别难度设置的,所以教科书不具备充分的因材施教的可能。教科书存在的这些不足,要求教师在使用教科书的时候要进行再创造,即教师应依据自身的实践和研究,自主地探讨思想政治课的课程设计和教科书编写中的诸多问题,以课程内容的自主创造为前提,以引导学生的自主发展和满足学生的多种发展需要、培养健全人格为宗旨,把教科书作为教学资源之一加以创造性使用。创造性使用教科书主要表现在以下几个方面:教师可以根据教科书自列较细的教学纲目,有些纲目可以对教材的先后讲述次序进行调整;教师根据实际选择恰当的教学方法;教师要科学处理教材中的理论内容和例证材料,如可以补充学科知识的新发展和新成果,根据实际对例证材料进行增减等;教师根据教材内容创造性地设计练习题、复习题和考试题等。

科学使用教科书应坚持：

第一，要理解“课标”的精神与整个社会、科技、教育发展的态势。我们研读教科书、使用教科书，必须要有教师自己的科学文化底蕴，要把课程的来源弄清楚，让教科书的知识体系和知识点真正落实到教学之中。

第二，要以课程标准为依据，认真钻研教科书，掌握教科书的精髓。也就是说，教师要深入解剖教科书，把教科书的知识体系和实践活动掌握好，理解透。

(二)要更新教学观和教材观

新课程标准的实施，必然要求教科书使用方法的转变，而教科书使用方法的转变要求教师的教学观、教材观要有一个根本的转变。

所谓教学观的转变，就是由应试教育向素质教育的转变，在传授知识的同时，更加注重认知结构的优化、基本观点的树立，以及实践能力和创新精神的培养。传统的基于应试教育的教科书，其主要问题不在于信息量的“多”，而在于内容的“空泛”、推理的“直白”和结论的“僵硬”。概念化的东西太多，叙述方式从概念到概念，结论的表达也是概念的堆积、罗列。内容空洞，套话连篇，较少考虑学生的思维特点，给学生留下的思维空间太小，既不符合生活逻辑，也不符合理论逻辑，不利于学生科学思维方法的培养。新编教科书更强调学生的参与，引入了更多的可操作的活动，强调生活逻辑与理论逻辑的有机结合，使学生在教师的引导下自己得出结论。作为教科书的使用者，教师应把新教科书的这种设计意图发扬光大，强化教学的实践环节，促进学生能力的培养。

所谓教材观的转变，就是对教科书功能理解的转变。教师使用教科书的着眼点要由单纯强调其教学依据的法规性质，转向更为注重开发其工具功能。以前由于把教科书仅仅当做是教学的依据，人们所思考的，往往不是如何运用教科书更好地理解和实施课程标准，而仅仅专注于死抠教科书的文字。在新的教材观的指导下，教科书提供的是更多的引导教学的手段，更多的生动活泼的素材，更加丰富多彩的信息。

第四节　思想政治(品德)教材的科学解读

高质量的教材是实现教材体系向教学体系高质量转换、提高思想政治(品德)课实效性的前提条件。但是,真正提高课堂教学的实效性,还要求思想政治(品德)理论课教师高质量、科学地解读教材。

一、科学解读教材的意义

解读教材是指教师在联系学生生活和社会实际的基础上,反复阅读、分析和研究教材,整理出教材的逻辑结构和主要论点,明确教学重点、难点、新旧知识的衔接点和理论与实际的结合点,从而掌握教材内容的精神实质、弥补教材缺陷的活动和过程。科学地解读教材对提高思想政治(品德)课教学质量具有十分重要的意义。

首先,科学解读教材是科学实现两个体系转化的基础。教材体系是教材的编者根据教育目标和课程标准的要求,在科学把握学科知识体系、初步考虑学生实际状况的基础上构建起来的。要把教材体系中包含的知识传授给学生,还要求教师构建自己的独特的教学体系。教材体系是构建教学体系的内在依据,教学体系是教材体系的外在表现。要实现两个体系的科学转换,教师就必须科学解读教材,揣测编者的编写意图,弄清教材内容的逻辑联系,把握概念的内涵、外延及原理的来龙去脉。

其次,科学解读教材是创造性使用教材的前提 。编者编写教材是一个创造过程,而把教材内容成功地运用到教学实践中,对教师来说也是一个再创造过程。再权威、再科学的教材都有一定的局限性:教材不能完全反映、满足不同地区学生对知识的需求,具有空间局限性;由于思想政治(品德)课具有强烈的时代性和实践性,因此其教材只能在一定程度上反映社会现实、预见未来,很难及时反映不断变化发展着的客观现实,具有时间局限性;教材面向的是全体学生,没有考虑学校性质和层次的差异性。所以教师不能照本宣科,而要根据实际创造性使用教材,提高教学质量。但是创造性使用教材不是说教师可以游离于教材之外另搞一套,而应基于并高于教材。要做到这一点,教师就必须结合学生生活实践、社会发展实践和自己的教学实践,深入剖析教材,认真钻研教材,在此基础上自主探讨教材编写中的诸多问题,并找出解决问题的对策,把教材作为教学基本依据加以创造性使用。

再次,科学解读教材是提高课堂教学实效性的关键环节。提高课堂教学的实效性要有系统思维,因为它涉及课堂教学的各个要素和环节,如重、难点认定的准确性、教学方法和教学内容的适切性、课堂讲解的艺术性等。但是在诸多要素和环节中,教师对教材的解读是影响教学效果的关键环节。因为教师只有科学解读教材,才能准确认定本节课的重点和难点,从而进一步突出重点和突破难点;教师只有科学解读教材,才能找准理论和实际的结合点,从而科学贯彻理论联系实际这一思想政治(品德)课教学必须遵循的根本原则;教师只有科学解读教材,才能把握教材的逻辑结构和内容的精神实质,从而科学选择教学方法,顺利实现教学目标。

二、新课程理念下教师科学解读教材的基本要求

传统的课程观认为,“课程即知识”,“课程即教材”,教材是“知识的权威”、“法定的文本”,好教师的标准是会“教教材”。因此,在传统课程理念的指导下,教师对教材的分析、解读就是对教材文本本身的分析、挖掘和再现。

新的课程观认为,教材是为实现一定课程目标而精心编制的,负载着一定知识和信息,供师生在教学过程中选择和进行对话的文本。其根本特征是“范例性”,即把教材看做是引导学生认知发展、生活学习、人格建构的一种“范例”,而不是学生必须完全接受的对象和内容。好教师的标准是会“用教材”。新的课程理念要求教师既要尊重教材,又要依据学生的实际,对教材进行“再创造”,这就使教材分析、解读具有开放性、互动性和创造性。因此,教材分析与解读是指教师在联系学生生活和社会实际反复阅读、分析和研究教材的基础上,整理出教材内容的主要理论观点和实际问题、逻辑结构和思想方法,明确教学重点、难点和对话主题,从而掌握教材内容的精神实质、弥补其缺陷的活动和过程。

思想政治(品德)课本是依据思想政治(品德)课程标准编写的,是课

程标准的具体化,是课程的载体,是实现课程目标的主要工具。教学参考书、党和国家的有关文件、时政资料以及与课本内容相关的经典著作等资料,是参考性、辅助性的教材。因此,思想政治(品德)课教材分析、解读的主要对象是课本,但又不限于课本,还包括思想政治(品德)课程标准、教学参考书、与课本内容相关的文件、时政资料以及经典著作等资料。教材分析与解读必须基于课本,但又不是完全地再现课本,而是在忠于课程标准和课本的基础上的创造。思想政治(品德)课教材分析、解读应该遵循以下基本要求:

首先,要忠于课程标准。思想政治(品德)课程标准是国家对本课程的性质与地位、课程目标和内容、教学原则和评价等作出明确规定的纲领性教育文件,它体现了国家对思想政治(品德)课的知识,能力,情感、态度与价值观等方面的基本要求,是思想政治(品德)课课本编写、教学、评估和考试命题的依据,是国家管理和评价课程的基础。因此,教材的分析、解读必须忠于思想政治课程(品德)标准,吃透其精神实质,弄清其各项规定。

其次,要基于和高于课本。思想政治(品德)课教材分析和解读必须基于课本。然而,在课程标准转化为课本精神的过程中渗透了作者的思想、观点。由于各课本作者受其地位、学识、视野、教育理论与实践素养的制约,在对课程标准精神实质和基本规定的把握上必然具有自己的长处和不足;同时,由于思想政治(品德)课具有强烈的时代性、实践性和社会性,而任何课本的编写只能在一定程度上反映社会现实、预见未来,很难及时反映不断变化发展着的客观现实。因此,思想政治(品德)课教材的分析与解读又必须高于课本。

最后,要正确处理课本与教参的关系。课本是教师进行教学的基本依据,必须深入解读和钻研。同时,为了提高分析、解读课本的能力,教师应当在独立钻研课程标准和课本的基础上阅读一些相关的教学参考书,以便启发自己的思路,开阔自己的视野。但是切记课本是本,教学参考书只是分析、解读课本的参考,不能喧宾夺主,用教参代替课本。

三、思想政治(品德)课教师科学解读教材应遵循的原则

科学解读教材是教师的一项专业素养,是教师科学执教的必备能

力。科学解读教材,对教材"悟读"而不"误读",教师必须遵循以下原则:

第一,坚持科学立场。所谓科学立场就是教师在解读教材时,要始终坚持马克思主义的指导地位,坚持社会主义意识形态的主导性,体现思想政治(品德)课的意识形态属性,不能为了迎合部分学生的兴趣而丧失思想政治(品德)课教学的原则性。高中思想政治课对学生进行马克思主义基本观点教育,能否坚持以邓小平理论、"三个代表"重要思想和科学发展观为指导,是思想政治课是否"讲政治"的根本标志。当前,随着改革的深入发展,社会经济成分、组织形式、物质利益、就业方式日益多样化,中学生思想活动的独立性、选择性、多变性、差异性明显增加,价值取向也日益多元;同时随着经济全球化的进一步推进,中外各种思想观念不断交融、交流、交锋,其中一些消极、腐朽、落后的思想观念也沉渣泛起,不可避免地对中学生思想产生干扰和冲击,导致部分学生理想信念模糊、价值取向扭曲。针对这种现状,思想政治(品德)课教师在正视多元化的同时,一定要立场坚定、观点鲜明,高举中国特色社会主义理论伟大旗帜,理直气壮、毫不动摇地宣讲马克思主义,以马克思主义占领思想高地,坚持用马克思主义中国化的最新成果教育和武装中学生,进一步巩固马克思主义在意识形态领域的指导地位。

第二,确立衔接理念。具体而言,思想政治(品德)课教师要重点注意"三个衔接"。首先,要注意经典马克思主义和当代马克思主义有机衔接。当代马克思主义和经典马克思主义是一脉相承的,是经典马克思主义的继承和创新,二者之间是"源"和"流"的关系。教师在解读教材时,一方面"返本",弄清当代马克思主义之"源";另一方面要"开新",明确经典马克思主义在当代的发展之"流"。只有这样才能从系统、整体的高度把握教材内容;其次,要注意理论与实践的有机衔接。马克思主义理论来源于实践,最终也用于指导实践,如果教师忽视理论与实践的衔接,就无法讲清理论的来源,也无法讲清理论的去处。理论与实践的有机衔接要求教师要针对性地引导学生运用马克思主义理论去回答和解决实践问题,在回答解决实践问题过程中体现马克思主义理论优势,形成以实践问题为基点的学习研究马克思主义的方法;最后,要注意理论知识与学生思想实际的有机衔接。思想政治(品德)课教学对象是有血有肉、有思想有激情的中学生,因此,了解学生、把握学生的思想动态和心理需求,注意理论知识与学生思想实际的有机衔接,是增强思想政治课教学效果的重要一环。要做到这一点,教师在解读教材时,就不能仅仅从宏观上把握马克思主义是如何论述人类社会的现实存在和未来发展,而应该在深入了解中学生思想实际的基础上,重点挖掘马克思主义对个体生命的关注和对生活意义与价值的阐释,找到马克思主义基本原理与中学生思想深处的契合点,打通理论世界与生活世界的通道。只有这样,思想政治(品德)课才能真正回归学生生活世界,引领学生生活价值,教师和学生才能在教学过程中真正做到情感共鸣、心灵共振。

第三,具有问题意识。教师在解读教材时要多问几个为什么,多思考几个怎么样,要有问题意识。心理学研究表明,意识到问题的存在是思维的起点,没有问题的思维是肤浅的思维。只有具备强烈的问题意识,才会产生解决问题的强烈的内驱力,也才会形成科学解决问题的应对之策。因此,问题意识是教师教学创新的切入点。就教学过程来说,"问题意识"中的"问题",主要体现在三个方面:一是理论本身的问题,即教师在解读某一理论时,要明确教材为什么要选择这一理论,它和其他理论之间具有怎样的逻辑联系;这一理论经历了怎样的形成过程,其形成的历史背景是什么;中国特色社会主义建设实践是如何推动该理论观点发展的,其发展趋势是什么。二是学生学的问题,即教师要明确学生在学习该理论之前,具备了哪些相关的背景知识,学生对该理论的学习兴趣和认同度如何,该理论对学生成长、成才有什么指导意义等。三是教师教的问题,即在教学中什么内容重讲、详讲,什么内容轻讲、略讲,应该引用什么事例、采用何种方法来展现、说明、论证理论观点,又应该如何指导学生运用该理论观点去分析、解决实际问题等。

四、思想政治(品德)课教师科学解读教材的基本方法

(一)内在性分析、解读

内在性地分析、解读是一种忠于教材文本的解读方法。它要求教师用内在于教材作者的主观精神去分析问题,领悟、理解教材,解释教材的内在理念和精神实质。运用该方法分析、解读教材,可按下列步骤进行:

第一,认真阅读和研究课程标准,明确本学期的基本课程目标和考评

标准;掌握本学期的基本课程内容,弄清本学期教学内容在整个课程中的地位和作用,以及每一课在本学期教学中的地位和作用,从教学体系的高度把握本学期教学的重点和难点;了解课程标准倡导的课程理念、教学原则、教学方法和课时规定。

第二,结合课程标准通读课本,把握课本的逻辑体系。在编写教案之前,教师必须全面通读思想政治(品德)课程标准和本模块的思想政治(品德)课本,以对其基本内容、体系结构及其特点有一个全面系统的了解。思想政治(品德)新课本一般分为课、框、目,相邻几课又围绕一个主题组成一个单元。通读教材,就是要在全面把握课程标准的基础上,对本模块课本逐课、逐节、逐框地阅读,从宏观上了解本模块课本的基本内容和结构体系;弄清每课、每框在单元、模块或全书中的地位和作用;弄清每课、每框的论点、论据、结论之间的关系;了解课本是怎样提出问题、分析问题和解决问题的。只有这样,教师在教学的时候,才能做到思路清晰、观点明确、逻辑严密。

第三,结合课程标准和教参精读教材,理解把握知识点的内容、呈现方式和教学要求。所谓知识点,就是课本内容中包含的基本概念和基本原理。不同年级学生的认知水平和思想认识是不同的,不同内容也需要用不同的方式来呈现,并且要与学生的认知水平相符合。一课一般有若干个知识点,各个知识点在教学要求上也不一样。这就要求教师要结合课程标准和教学参考书,考虑各个知识点的不同教学目标,推敲其教学内容,研究其表达和呈现方式,弄清概念的内涵和外延、原理的内容和精神实质及论证方式等。

第四,剖析教材各知识点所蕴涵的思想政治(品德)教育因素,确定理论和实际的结合点。思想性是思想政治(品德)课的本质特征,因此,在教材分析、解读过程中,教师必须深入剖析教材内容所蕴涵的思想教育因素,即挖掘教材中各个基本概念、基本原理中所包含的马克思主义的立场、观点和方法,以便有的放矢地对学生进行思想政治(品德)教育。

(二)外在性分析、解读

外在性地分析、解读是一种超越教材文本的解读。但是超越教材文本不是脱离教材文本,而是在依据教材文本的基础上,对教材文本进行发散性解读。

第一,联系经典著作和文献来分析、解读教材。思想政治(品德)课本的理论知识主要来源于马克思主义经典著作、社会科学经典著作与党和国家的权威性文献。由于受专业学识水平的局限,教材的编者对一些概念、原理的概括、理解和表述不可避免地会存在一些缺陷,这就要求教师要联系经典著作和文献来分析和解读教材。

第二,联系参考资料来分析、解读教材。为了加深和拓宽对课本的理解,教师还必须在研读课本、考证经典的基础上,适当阅读教学参考书和其他相关资料,如高校相关的教材、报刊上相关的论文等,以弄清基本概念、基本原理的来龙去脉,弄清事物的横向联系,建立综合研究问题的意识。

第三,联系学生的具体生活来分析、解读教材。解读教材不能泛泛而谈,要根据教材内容和其提供的目标向导、范例启示,深入学生生活了解情况,把握学生的生活热点和问题,找准教材内容与学生生活的结合点,使思想政治(品德)课教学更富有针对性和实效性。

第四,联系我国社会主义建设的经验教训和党的路线、方针、政策以及国内外形势来分析和解读教材。要特别注意研究怎样用课本中的基本原理、观点和方法去观察社会,分析我国社会主义建设的经验教训和党的路线、方针、政策以及国内外形势,去解决现实问题。这样,一方面可以培养学生分析问题、解决问题的能力,另一方面,可以使学生感受到理论的威力,增强学生学习理论的自觉性。

第五,联系对立面的观点去分析和解读教材。认真研读教材就可以发现,教材中的每一个内容都有其对立面,如唯物主义和唯心主义、辩证法和形而上学、人民代表大会制和三权分立制等。这些对立面有的是针对历史上的一些问题,有的是针对现实中的问题,还有的是针对学生思想上存在的问题,它们有的是显性的,有的是隐性的,教材不一定把它们明确提出来。因此,教师要联系对立面的观点去分析、解读教材,揭示其矛盾点。教师在讲解正面观点时,也要适当介绍和补充一点反面的观点,让学生去讨论、比较、鉴别,这样有利于学生在比较中认识和掌握真理。

(三)探究性分析、解读

思想政治(品德)课程内容是科学与生活、事实性知识与价值性知识的辩证统一,因而其教材文本必然是一个多面体、复合体,具有潜在的多义性。同时,任何解读者都会以自己的主观世界去对待和理解教材文本。因此,解读、理解教材不可能只是一种简单的复制行为,它必然是一种创造性的探究行为。探究性地分析、解读教材具有如下特征:强调真理和科学知识的相对性、具体性;强调认识的过程性;强调内容的开放性;强调解读的质疑精神和创造性。运用探究性解读方法去分析、解读思想政治(品德)教材,可从以下方面着手:

第一,探究教材背景和教材文本精神与现实生活、社会实践的动态关系。教师要深入具体地研究教材为什么要选择这些理论观点,它是针对什么历史或现实的问题而选择的;教材的理论观点是怎么样得来的,社会主义建设实践又是怎么样推动该理论观点发展的;教材用什么例子来展现、说明、论证理论观点的,教材中的例证材料能否准确说明该理论观点,还要不要补充其他例证材料;教材中的理论观点对当前社会主义建设和学生成长成才有什么指导意义,可以帮助学生解决哪些思想问题,确立哪些思想观点;如何指导学生运用理论观点去分析实际问题等。

第二,要善于质疑教材,以开放的心态完善、发展教学内容,弥补教材的不足。教师要以主体意识和主导教学内容的言说者的身份去分析、解读教材,要站在更高的学术平台上去理解教材,发掘连教材编写者都没有明确意识到或没有来得及清晰而系统表达的潜在思想。教师还要以批判的精神去质疑教材,揭示教材的缺陷,以开放的心态去完善教材内容,弥补教材的不足。为此,教师要不断完善和更新教学内容,保持教学内容的实践性和与时俱进性;要吸收本学科和相关学科的新知识,提升教学内容的前沿性;要加强文本与师生的对话,将师生的生活世界和个体经验融入教学内容,使教学内容充满生命性;要丰富教学的即时性信息,保持教学内容的时代性。

内在性分析和解读、外在性分析和解读、探究性分析和解读是新课程理念下思想政治(品德)课教材分析和解读的三种不可或缺的方法。思想政治(品德)课教师在分析教材过程中,要把这三种解读方法有机结合起来,以更科学、更全面地把握教材内容,提高教学效果。

五、科学解读教材的常用策略

第一,要整体把握以求全。通读本册、某个年级、某个学段乃至整个中学阶段的思想政治(品德)课教材,从整体和全局了解教材的性质、内容、编排意图和体例。这样有利于教师在教学中纵横联系,前后贯通,自如驾驭教材。

第二,要探幽发微以求深。为了求得对教材更深刻的理解,教师要针对教材的重点、难点、关键点、矛盾点、动情点等,认真揣摩,咀嚼玩味,精雕细刻,探幽发微。只有教师探幽发微,才能引导学生深刻理解教学内容。

第三,要辨别比较以求准。在分析教材时,教师要对教材中词语使用、句子结构、事例列举、概念定义、原理表述等进行辨别比较,以求得对教材更准确的理解。

第四,要纵横联系以求活。教材知识之间有着内在的逻辑联系,教师在分析教材时,若能横拓纵延、综合分析,那么呈现在学生面前的就不再是凝固不变的课文,而是一种新颖别致的结构和灵活多变的程序。只有这样,教学才能生动活泼,也才能真正帮助学生建构系统完整的知识体系。

思考题

1.教学内容与教材内容有什么区别与联系？对教师教学有什么启示?

2.新课程改革背景下,思想政治(品德)教师应该树立怎样的教材观?

3.思想政治(品德)教师应该如何科学解读教材?

参考文献

[1] 曹宝静.中学政治教学建模[M].南宁:广西教育出版社,2003.

[2] 邝丽湛,何亮.思想政治教学与学业评价[M].广州:广东教育出版

社,2005.

[3] 刘旭.听课说课上课[M].成都:四川教育出版社,2005.

[4] 谢树平,李宏亮,胡文瑞.新编思想政治(品德)教学论[M].上海:华东师范大学出版社,2006.

[5] 钟启泉,崔允漷.新课程的理念与创新[M].北京:高等教育出版社,2003.

拓展阅读文献

[1] 刘强.思想政治学科教学新论[M].北京:高等教育出版社,2003.

[2] 邝丽湛.思想政治(品德)课教学模式[M].广州:广东高等教育出版社,2006.

[3] 吴一凡.初中思想品德新课程教学法[M].北京:首都师范大学出版社,2004.

[4] 徐贵权.走进高中新课改:政治教师必读[M].南京:南京师范大学出版社,2005.

[5] 钟启泉,崔允漷,张华.为了中华民族的复兴 为了每位学生的发展〈基础教育课程改革纲要(试行)〉解读[M].上海:华东师范大学出版社,2001.

第三章　精心优化课堂教学设计

——思想政治(品德)高效课堂构建的关键

科学的教学设计是构建高效课堂的关键。要进行科学的教学设计，必须以学生的发展为本，遵循新课程基本理念，综合分析、考虑影响教学过程的各种因素，重点进行教学目标设计、教学方法选择、教学内容优化设计、教学过程的动态设计。按照新课程基本理念，思想政治(品德)课教学设计要遵循生活化设计、情境化设计、问题化设计等科学的设计思路。

第一节　教学设计概述

教学设计是面向教学系统、解决教学问题的一种特殊的思维活动，既要具备设计的一般规律，又要遵循教学的特殊规律。构建高效的思想政治(品德)课课堂，教学设计是关键，也是思想政治(品德)新课程通向高效境界的核心环节。

一、思想政治(品德)新课程教学设计的内涵

思想政治(品德)学科教学设计是政治教师根据现代教育、教学观和思想政治(品德)教育、教学原理，根据不同的教学对象和教材，按照预期的教学目标，运用系统的方法对思想政治(品德)学科教学活动(包括过程、结构等)作出预期的、全方位的策划。

(一)思想政治(品德)学科教学设计是对本学科教学过程、教学结构作预期的、全方位的策划活动

这种策划活动同时存在着专业性和构想性两种属性。专业性是指思想政治(品德)学科教学设计属于学科教学设计，它与思想政治(品德)学

科教学活动过程及其特殊规律紧密相连、息息相关。它旗帜鲜明地表明思想政治(品德)学科的性质——德育性。整个设计活动都是围绕学生的思想素质、道德品质素质和心理素质展开。因而它具有鲜明的专业学科特色,如果离开思想政治(品德)学科教学活动过程及其特殊规律去研究教学设计,它就会沦为普通教学设计。构想性是指思想政治(品德)学科教学设计是一种构思和策划活动,是政治教师的思维流程。它只研究如何设想和规划思想政治(品德)学科教学活动的程序、环节、结构等问题,并不包括思想政治(品德)学科教学实施的研究。专业性和构想性这两个属性,前者使思想政治(品德)学科教学设计与普通教学设计区别开来,后者又使思想政治(品德)学科教学设计与思想政治(品德)学科中的教学实施划清界限。专业性和构想性两者相互依存,相互制约。专业性规定着教学设计构想的对象和范围,构想性拓展着思想政治(品德)学科教学设计的空间。这种专业性与构想性相统一的属性是思想政治(品德)学科教学设计的本质属性。

(二)思想政治(品德)学科教学设计是政治教师根据现代教育观和思想政治(品德)教育教学原理对思想政治(品德)学科教学活动的全方位设计

它体现了政治教师的教育思想、思维流程和教学艺术。它既有科学性又有艺术性,是科学与艺术的结晶。所谓科学,一是思想政治(品德)学科教学设计具有准确性,既切合教育、教学的内在联系及其规律性,又反映思想政治(品德)知识的内在联系及其规律性,两者水乳交融,相辅相成;二是思想政治(品德)学科教学设计流程应畅顺清晰,富于条理性和严密性。准确性和严密性的有机结合,便是思想政治(品德)学科教学设计科学性的基本内涵。所谓艺术,就是思想政治(品德)学科教学设计追求日臻精致、完美,行之有效和富于独创性,能极大地刺激学生的学习情绪,满足他们的学习欲求,形成师生之间和谐愉悦的课堂氛围。这种科学性与艺术性相互交融、相互渗透,统一于思想政治(品德)学科教学设计之中,必然使思想政治(品德)学科教学设计趋于完善。科学性与艺术性统一的属性是思想政治(品德)学科教学设计的基本属性。

(三)思想政治(品德)学科教学设计是运用系统方法对思想政治(品德)学科教学的整个程序及其具体环节、总体结构及其要素进行精心策划

它既有系统性,又有层次性。说它系统,一方面是因为思想政治(品德)学科教学活动本身是个大系统,纵向表现为教学程序,横向表现为教学结构,思想政治(品德)学科教学设计就是针对这种纵横交错的完整体系,进行经纬交织的整体设计;另一方面是因为思想政治(品德)学科教学设计本身要求完整和系统,"麻雀虽小,五脏俱全",各项设计其要素、环节一应齐备,每项设计都要安排周密、精细。说到层次,是因为思想政治(品德)学科教学设计具有多种层次、多个侧面。它不是一种平面设计,而是一种立体的操作实践活动。作为一种立体设计,从纵向看,即从教学过程看,既可以设计一个学年(学期)教学,也可以设计一个单元教学,又可以设计一个课时教学,甚至可以设计一个教学步骤;从横向看,也就是从教学活动的深度和广度看,大至思想政治(品德)学科教学的整体改革策划,小至一幅板书、一段导语的安排。因此,思想政治(品德)学科教学设计既有宏观,又有中观,还有微观。宏观教学设计涉及思想政治(品德)学科整体改革,中观教学设计则构思一单元或一课的教学内容和活动安排,而微观教学设计只谋划一课时一段内容、一招一式之得失。这种系统性和层次性的有机结合是思想政治(品德)学科教学设计的又一重要内涵。

(四)思想政治(品德)学科教学设计是通过分析思想政治(品德)课课程标准,设定预期目标,并针对具体教学对象和教学内容进行的策划和构思

它必须保持目标性和针对性的相互协调和相辅相成。两者之间的关系表现在:一方面,预期目标的设定是建立在对社会需求分析、具体教学对象分析和教学内容分析基础上,是针对具体教学对象的需要和教材特点而设定的;另一方面,针对教学对象和教学内容而设计的措施又是围绕目标而展开的,两者相互依赖、相辅相成。这种目标性与针对性的相辅相成关系也是思想政治(品德)学科教学设计的基本内涵之一。

(五)思想政治(品德)学科教学设计是一种预期的、行之有效的教学策划,它必然要求动机与效果保持一致

思想政治(品德)学科教学设计是一种实施前的计划、策略,这种计划和策略是政治教师主观能动性的产物,是政治教师通过分析学习需求、教学要素、教学过程的影响因素而制订的,它能预见一经实施所能获得的效果。同时,教学设计本身反映教学的规律,符合教学的共性和个性,其实施也是围绕预期目标进行的,这种设计的必然具有实效性。可见,预见性和实效性是和谐统一于教学设计自身之中的。这种预见性和实效性的和谐组合,应当视为思想政治(品德)学科教学设计的另一重要内涵。

综上所述,专业性与构想性协调一致,科学性和艺术性的辩证统一,系统性和层次性的有机结合,目的性和针对性的相辅相成,预见性和实效性的和谐组合,这五个基本内涵,也就从五个方面反映了思想政治(品德)学科教学设计的本质属性和内在联系。

二、思想政治(品德)新课程教学设计的特征

思想政治(品德)新课程教学设计的特征主要表现为四个方面:

第一是创造性。思想政治(品德)新课程教学设计是以人类的学习、传播研究为依据,以系统方法为手段,对教学系统的诸要素(教学目标、教师、学生、教学内容、教学方法、教学媒体、教学环境等)和诸要素之间的内在联系进行加工、协调、配置,设计出有效达到教学目标的教学方案。就教学设计的过程而言,政治教师设计教学的过程,就像把小说改编成电影剧本的过程,既要脱胎于原作(教材),又要有自己的剪辑和加工,这一过程是一种创造过程。因此,创造性地分析、解决问题是思想政治(品德)教学设计的核心,也是它的首要特征。

第二是可操作性。思想政治(品德)新课程教学设计作为一种教育应用技术,它一方面表现为把设计过程模式化,即对思想政治(品德)学科教学系统的整体及各个组成部分的分析和设计都有明确的理论依据和操作方法,并有多种侧重点不同的范型可供教学设计者选择。另一方面表现为教学目标是用可观察的行为术语描述,使师生双方对学习产生的结果

都很清楚,利于学生主动参与、教师准确判断,进而为评价学习结果提供可测量的标准。

第三是科学性。思想政治(品德)新课程教学设计是以现代教学理论包括认识论、教学论、学习论、心理科学、教育工艺科学等所提供的原理和思想方法为基础的,它综合运用了这些学科的应用理论来分析、规划思想政治(品德)课的教学过程:分析学习需求、确定教学目标、设计解决问题方法、调整设计方案,直到达到预期的教学目标。现代教学理论和思想方法确保思想政治(品德)新课程教学设计的科学性。例如,系统方法运用于思想政治(品德)学科教学设计,使设计过程成为一个分析教学需求、确立教学目标、研究解决问题的策略和方法,通过评价加以反馈和矫正,直至获得解决问题的最优方法的过程。这一过程本身就是一个科学的、逻辑的过程。

第四是动态性。思想政治(品德)新课程教学设计是一个在反复循环中发展的动态过程,它最先经过分析思想政治(品德)课课程标准和选择设计环境,其次经过一系列的可行性研究和综合、评价,最后确定设计方案。该方案在实施过程中,又不断地被反馈、调节、校正,从而形成一种螺旋方式的探索和再探索态势。思想政治(品德)新课程教学设计就是在这种螺旋式的动态探索过程中逐步实现最优化。

三、思想政治(品德)新课程教学设计的指导思想和总体要求

(一)思想政治(品德)课教学设计的指导思想

1. 以学生的发展为本

新课程的核心理念就是以学生发展为本。思想政治(品德)课程的性质特点决定了教学设计必须以促进学生的发展为本。这就要求在教学设计中,一定要突出"学习者"这个中心,要为每位学生创造合适的"学习条件"。为此,必须做到:首先,要立足于促进学生的最佳发展。思想政治(品德)新课程构建了一个符合素质教育要求的,具有普及性、基础性和发展性特点的课程体系,为教学设计提供了一个很好的平台。教学设计必须以全面提高学生的思想政治品德素质为目标,面向全体学生,促进他们在原有基础上取得最大限度的发展。面向全体学生的实质是面向每一个

有差异的学生“个性”。因此,在教学设计中,教师要把基本要求同特殊要求结合起来。其次,着眼于学生基本素养的全面提高。思想政治(品德)新课程将学生视为具有鲜活生命的个体,是一个完整的人。因此,教学设计不仅要重视双基的训练,发展学生的智慧和能力,而且要促进他们积极的情感、态度和正确价值观的形成。最后,要引导学生生动活泼地主动学习。教学设计中要充分发挥学习者的主体作用,创设合适的教学情境和条件,激发学生的学习热情和动机,引导他们主动参与,勤于思考,乐于探究,在自主活动中理解、掌握和运用所学的知识和立场、观点和方法。

总之,在思想政治(品德)新课程的背景下,那种传统的按照教材知识体系、理论逻辑为主线的教学设计模式都应该被打破,教学设计的着力点应该从传统的知识学习和技能训练转移到学生的发展上。

2. 系统分析、综合考虑各种教学因素

系统论认为:一切事物都是由一定数量的要素按一定的关系组成具有一定功能的相互联系、相互作用的整体。这个整体就是一个“系统”,每一个系统又可以包括若干个子系统;同时,它自身又属于更大系统的子系统。

在思想政治(品德)课程的教学设计中,也要把教学过程视为一个由若干要素构成的系统,用系统的方法对各种教学要素进行分析、判断和调控。教学要素包括课程标准、课程计划、教材、教师、学生、教学环境等。新的课程理念认为:教材绝不等于课程,教学设计也并非只是“备课”。所以,教学设计的系统方法要求:首先,教学设计要从“为什么教,为什么学”入手,确定教学目标。思想政治(品德)课教学,尤其要做到三维目标的统一,强调情感、态度与价值观的目标,并将其放在首位,每一节课的教学设计就是要善于将三维目标转化、落实于每一课的具体目标之中。情感、态度与价值观的目标往往是隐性的,需要教师的再挖掘。教学中,培养学生对思想政治(品德)课积极的情感、态度,树立正确的价值观等也应纳入相关目标之中。其次,教学设计还要根据教学目标,进一步确定通过哪些具体的教学内容才能实现教学目标,即“教什么,学什么”。教材作为思想政治(品德)课教学的基本教学资源,应予以高度重视,但是也不能完全受限于教材。新的课程理念倡导“用教材教”,而不是“教教材”,因此,教师在教学设计中,对教学内容可以依据课程目标,对教材进行大胆取舍,尤其是要根据思想政治(品德)课程生活化的特点,进一步拓展教学内容的空间,社会热点、生活焦点包括地区性或区域性的内容等都可以成为教学内容。最后,教学设计还要解决“怎么教,怎么学”的问题,即根据教学目标,针对教材内容,采取什么策略、方法。

3. 理解新课程理念,明确新课程要求

教师在进行教学设计前,要理解新课程的理念,明确新课程的要求。初中新课标的基本理念有三个方面:

(1)逐步扩展的生活是本课程建构的基础;

(2)帮助学生学习做负责任的公民,过积极健康的生活是本课程的追求;

(3)坚持正确价值观念的引导与启发学生独立思考相统一是本课程遵循的基本原则。

高中新课程的基本理念有五个方面:

(1)坚持马克思主义基本观点教育与把握时代特征相统一;

(2)加强思想政治方向的引导与注重学生成长的特点相结合;

(3)构建以生活为基础、以学科知识为支撑的课程模块;

(4)强调课程实施的实践性和开放性;

(5)建立促进发展的课程评价机制。

在课程理念上,以高中为例,新课标在继续强调原课标提出的思想政治课“坚持马克思主义基本观点教育与把握时代特征相统一”、“加强思想政治方向的引导与注重学生成长的特点相结合”的特点外,还提出了三个新的理念:

(1)“构建以生活为基础、以学科知识为支撑的课程模块”。新的课程标准强调“以生活为基础”,这可以从新的必修课和选修课的内容设置上看出,特别是必修课强调的是“经济生活”、“政治生活 ”、“文化生活”、“生活与哲学”,也就是要求我们的思想政治课的基本内容要立足于生活,反映生活,与生活紧密联系,服务于生活。这一改过去旧的课程标准中强调理论知识的学习而与生活联系不密切的弊端。它用“课程模块”来代替原来的“学科体系”,也就意味着新课程由过去强调系统知识的学习转入到了“专题学习”的范式。新的课程内容更加强调基本理论知识的学习和运用。

(2)“强调课程实施的实践性和开放性”。新的课程更加注重理论知识的实践性和学习内容、学习方式和学习过程的开放性。新课程标准强调:“要引领学生在认识社会、适应社会、融入社会的实践活动中,感受经济、政治、文化各个领域应用知识的价值和理性思考的意义。”“实践性”是高中思想政治新课程的一个亮点。加强实践活动是时代发展和推动素质教育的必然要求,在课程标准中强化活动的设计与安排,体现了教育理念的转变。把有关教学内容活动化,让学生感受、理解知识产生和发展的过程,培养学生的科学精神和创新思维习惯,培养搜集处理信息的能力、获得知识的能力、分析和解决问题的能力、表达能力、团结协作和社会活动的能力,有利于培养学生的问题意识、探究意识,增强学生的情感体验,有利于学生教育、自我提高。体现“以人为本”,在促进学生知识和能力发展的同时,还要促进学生人格的发展。

(3)“建立促进发展的课程评价机制”。在传统的课程里,注重“终结性评价”,存在着一些问题,如功能单一,过分地强调评价的甄别和选拔功能,忽视改进与激励功能;评价的内容过于注重学生的学业成绩,忽视学生的全面发展和学生的个性差异;过分关注结果而忽视过程等。同传统的课程相比,新课程在评价内容和评价标准上都发生了根本的变化,特别强调了评价的过程和发展性。新课程评价的目的不是为了检查、甄别和选拔,而是在于通过评价来促使被评价者改进,促进其发展。

(二)思想政治(品德)课教学设计的总体要求

1. 教学设计必须重视对学生的分析,要把学生的具体情况作为教学设计的出发点

传统的教学一般是以假设的学生(即学生的平时水平)作为教学对象,从而忽视了学生的个别差异。在生活实践中,学生在各个方面无不表现出各自自身的特点,显示出个体差异;学生的知识积累、情感发展等也各不相同。在教学活动中,学生是学习的主体,学生的学习不是被动地接受知识,而是一个依据原有知识和能力,对新知识进行积极主动地建构的过程。无论何种教学形式,学习的目标最终是通过学生内部学习过程来实现的,学习的结果将最终体现在学生身上。因此,教学设计必须重视激

发、促进、辅助学生内部学习过程的发生和进行,从而使有效的学习发生在每一个学生身上,保证不让一个学生处于教学的劣势,要创造有利的学习环境,让每位学生都享有同等的机会。总之,对学生现状的分析,是至关重要的,教学设计一定要做到“目中有人”。

2. 教学设计必须以现行的课程标准和现有的教材资源为教学的基本依据

思想政治(品德)课程标准是思想政治(品德)课程的规范化纲领,它对课程的内容、课程的实施以及评价等都提出了明确具体的要求。而思想政治(品德)课,特别是高中的思想政治课教材则是依据“课程标准”编写的教学用书,是思想政治课最基本的课程资源之一。尽管新的教材观不赞成传统教学中紧扣教材、严格按照教学大纲的要求教学的做法,它鼓励教师在教学的过程中对教材做大胆的处理,但是教材作为不可或缺的课程资源还是应该成为最基本的教学依据。我们很难想象,在现有的条件下离开了教材,我们的教学活动如何开展。为此,教师的教学设计一定要重视对“课程标准”和“教材”的研究和分析,并以此作为教学的依据。理论知识的学习、基本能力的培养都应该落实在“课程标准”规定的目标上,并在此进程上,进一步落实过程与方法以及情感、态度与价值观等方面的目标。

3. 要努力创造好的教学情境,鼓励学生的“主体参与”

思想政治(品德)课的教学设计一定要突出学生的主体地位,努力为学生的主体参与创造条件。这就要求政治教师在教学设计时,必须依据“课程标准”的要求并结合学生的实际,对教学内容进一步优化,理论联系实际,结合课程综合化、生活化、活动化等特点,努力创设生活情境、委托情境、思想冲突情境,在丰富多彩的情境中,激发学生的兴趣,启迪学生的思维,调动学生主体参与的积极性。为了鼓励学生的主体参与,还要努力创设民主式的教学氛围,实施开放性的教学模式,变“一言堂”为“群言堂”,使学生的自主意识、独立思考能力得到培养和有效的发挥。

4. 优化教学过程,应成为教学设计的重要任务

教学效果取决于教学过程,怎样优化教学过程,则成为提高课堂教学效率,进而提高教学质量的关键。优化教学过程是通过教师的认真备课,搞好教学设计才能达到的。因此,优化教学过程应成为教学设计的重要任务。在教学设计中,优化教学过程包括:首先,优化教学内容。新教材给教师留出了很大的自主创新的空间,教师应在吃透“课程标准”和“教材”的基础上,根据学生的实际水平以及认知规律,对教材进行再处理。如:可以对教材的内容进行适当的删减;适当地补充有关的知识;适当地调整教材内容的先后顺序;也可以变换知识的呈现方式等。其次,优化教学方法。教学方法是师生在教学过程中,为了达到预期的目的而采取的教与学相互作用方式的总称。在教学中,只有依据教学内容的特点,选择最适宜的教学方法,才能通过师生互动过程顺利完成知识传递、能力培养以及情感、态度、价值观的实现过程。当然,教学方法的选择还应充分考虑教学目标、学生特点和教学条件等方面的因素,尤其要立足于如何调动学生学习的主动性和积极性,着眼于学生的全面发展。最后,优化课堂提问。课堂提问是教学中的重要环节,它体现着一个教师的教学思想,在教学中起着重要作用。因此,在教学设计时,问题的设计也是非常重要的一环,应根据具体情况,对问什么、何时问,都要做出精心安排。一是在新旧知识的结合点处设问,这样可以引起认知的冲突,激活思维;二是问题设计应符合学生的实际情况,照顾绝大多数学生,过难或过易都不恰当。

第二节　思想政治(品德)课教学设计的内容

一、课时教学目标设计

(一)设计课时教学目标的基本步骤

设计课时教学目标必须建立在对教材内容和课程标准认真钻研和领会以及对学生有一定了解的基础上,要对全课教材内容、教材结构和教学目标有一个整体的了解和把握。在这个前提下,再根据每一课时的教学内容、教学重点和难点,合理地制订课时的教学目标,具体可按以下步骤操作:

(1)在分析教材的基础上,弄清本课时基本的教学内容有哪些,基本要求是什么;

(2)找出教材内容与学生实际、社会生活实际的结合点;

(3)分析、思考、挖掘蕴涵在教材内容中的基本观点、方法和技能的培养,以及思想、情感、态度、价值观等方面的教育因素是什么;

(4)把上述内容按照认知目标,能力目标,情感、态度与价值观目标这三方面分别加以梳理和概括,用简洁的语言表述出来;

(5)适当参照教学参考书中对全课教学目标的表述,纠正、充实、完善自己所制订的课时教学目标。

(二)设计课时教学目标的基本要求

思想政治(品德)课的课时教学目标设计必须以新课程理念和思想政治(品德)课教学目标理论为指导,根据思想政治(品德)课程标准对思想政治(品德)课的教学要求、教材的具体内容、所在班级学生的具体情况并结合学生学习思想政治(品德)课的实际状况进行设计。具体地说,课时教学目标设计必须做到以下四个方面:

1. 把握教学目标的系统性和全面性

按《全日制义务教育思想品德课程标准(实验稿)》和《普通高中思想政治课程标准(实验)》的要求,其课程教学目标的设计应当包括学生在"知识与技能"、"过程与方法"、"情感、态度与价值观"三个方面的素质发展指标,而且每一个方面又都有不同层次的发展指标,并且这些指标都明确指向自己所教班级的学生。也就是说,要把课程标准对本节课的法定要求具体化为本节课对某一具体班级学生素质发展目标的要求。因此,目标设计就应当防止和克服两种错误的倾向:一是脱离所教具体班级学生的实际和个性发展要求,只是简单地照搬照抄课程标准和教学参考资料上的教学目标,造成教学目标缺乏针对性和个性;二是偏重认知领域的教学目标,忽视情感领域和过程领域的教学目标,造成教学目标设定的片面性。

2. 兼顾教学目标的预设性和生成性

思想政治(品德)课属于人文社会科学,不同于自然科学。自然科学知识具有客观性和普遍性,它可以完全脱离主体而独立存在,作为教学过程之外的结果性目标预先设计;而人文社会科学知识不是关于事实和规律的纯粹学问,它对事实和规律的叙述已经经过价值解释、理解和选择,它是被意义化、价值化了的事实和规律。人文社会科学知识价值性、主观性的特点,以及新课程内容的生活化,决定了其学习过程具有体验性、情景性和个体性特点,也决定了其内容和目标不能完全脱离主体而独立存在,不能完全作为教学过程之外的结果性目标预设。只有当过程展开后,在教师、学生与教育交互作用中,目标才能不断生成并随着过程的推进而不断演进。因此,本课程的课时教学目标设计应该兼容预设性和生成性目标。

(三)注意教学目标的层次性和具体性

所谓层次性,就是要求思想政治(品德)课教师在设计教学目标时要反映出学习结果的层次性。从纵向看,学生的预期学习效果客观上要通过达到不同层次的要求而实现,即从较低层次目标的要求逐步达到较高层次的要求;从横向看,不同学生在达到目标的层次上是有个体差异的。因此,一个教学目标的设计需要适应这种多层次的要求。

所谓具体性,就是要求思想政治(品德)课教师在设计教学目标时,表述要力求明确、准确、具体,避免含糊不清和不切实际的表述。

(四)力求教学目标表述的科学性和可测性

在传统的教学观念下,教师在陈述教学目标时,往往采用如下用语:"拓宽学生知识面;提高学生判断是非和分析、论证问题的能力;培养学生的创新意识"等。这些目标陈述用语强调了教师在教学过程中扮演的角色,体现目标行为的主体是教师,而且显然是教师的主观愿望,因此对这些目标无法进行测评。这次新课程是采用教学目标行为主体学生化和素质发展动词描述化的表达,即让学生"懂得事物是变化发展的基本原理,能正确理解发展概念,把握发展实质,理解和掌握判断新旧事物的客观标准,并在教师的指导下,学生能就自己所熟悉的问题,以及个人成长中和社会主义现代化建设中的有关现实问题,运用所学的知识加以分析说明,并发表富有哲理的见解"。这样的表述不仅突出了学生是主体,而且目标明确具体,具有可测评性。一般来说,教学目标的表述有以下几种方法:

第一,行为表述法。行为表述法是指用可观察和可测量的行为来表述教学目标的方法。它一般包括四个要素:对行为主体的表述,即行为主体描述的是学生的行为,它是教学目标描述中的主语;使用行为动词,即说明通过学习后学习者应能做什么,它是教学目标表述句中的谓语和宾语;选择情境和条件,即说明上述行为在什么条件下产生的,它是教学目标表述中的状语;确定水平或标准,即明确上述行为所达到的水平或程度。

第二,表意表述法。表意表述法是指表述教学目标时只描述学习者在活动中应表现出的行为、态度和所经历的情境,而不提出可以测量的学习结果。这种表述方式主要用于表述长期才能实现的情感、能力方面的目标或无须结果化的目标。

第三,内部过程与外显行为相结合的表述法。这种表述法是指将内部心理过程与外显行为结合起来表述教学目标的方法。这种方法主要分两步来表述:先用描述内部过程的术语来表述一般性的教学目标,以反映理解、运用、分析、创造、欣赏、尊重等内在心理变化,然后列举反映这些内在变化的例子以表述具体性的目标,使内在心理变化可以观察和测量。一般用于表述那些难以行为化的情感、能力方面的目标。

神奇的货币

第一课时"揭开货币的神秘面纱"教学目标:

知识目标:识记货币的本质是一般等价物;货币的两个基本职能:价值尺度与流通手段;纸币是由国家发行,强制使用的货币符号。理解物物交换的困难与货币产生的必然性;价格是价值的货币表现;商品流通与物物交换的区别;纸币与金属货币的联系与区别。运用所学知识联系现实生活中人民对待货币的不同看法,从货币的本质和基本职能说明,应当如何正确对待金钱。

能力目标:培养学生透过现象看本质,运用基本原理分析现实问题的能力;从具体材料入手,通过简要概括商品交换的长期发展过程中货币出现的必然性,培养学生分析总结出对货币含义的理性认识;通过对纸币的简要介绍,提高学生鉴别假钞的能力。

情感、态度与价值观目标:通过本框题的学习,使学生逐步树立与社会主义市场经济相适应的商品、货币概念,既能认识到货币在经济生活中的作用,又不盲目崇拜金钱,树立正确的金钱观,做到君子爱财,取之有道,用之有度。

二、教学方法设计

(一)教学方法选择的依据

教学方法必须根据当前的教学任务、教学内容的特点、学生的实际、教师的经验和特长、教学条件及课程标准规定的时间和进度进行设计和选择,并力图将优选出来的教学方法组成一个切合实际、结构合理、特色鲜明、素质教育和德育功能强大的教学方法系统。在选择教学方法时要考虑以下几个基本因素:

1. 某种教学方法本身的功能和所体现的教育价值观

教学方法是一个工具体系,它是为达到特定的教学目标服务的。而教学目标的确定则可以从深层次上反映教育价值观问题。例如,传统教育价值观的核心是把学生作为知识的"容器",把教材上的知识传授的质和量看成是教学目标。在这种教育价值观的支配下,教学方法的选择与使用就是为了知识传授服务,而对学生其他方面的发展可以不予以关注。现代教育价值观的核心则是提倡"以人为本",一切为了学生的全面发展。在教学目标的确定上就要充分考虑这个思想,因此在教学方法的选择和使用上,就会想方设法为学生的全面发展服务。可见,选择教学方法,就必须认真分析各种教学方法的功能和所体现的根本教育价值观,看它究竟是指向怎样的课程和教学目标。

2. 教学目标和具体教学任务

教学方法是完成教学任务的工具和手段,从辩证的角度看,每种教学方法都有优缺点。例如,某种教学方法可能会有效地解决某些问题,而解决另外一些问题则效果不大;某种教学方法可能会有助于达到某种目的,却妨碍达到其他目的。因此,采用什么教学方法要依据具体的教学任务和教学目标的规定,每节课的教学任务和目标不同,采用的教学方法就不一样。比如,讲授新知识课和复习课、练习课的教学任务和要达到的教学目标是不同的,所以在教学方法的选择上要求就不同。又比如,如果是要求学生学习掌握基本知识,一般可以采用讲授法;如果是培养学生发现问题和解决问题的能力,讲授法就不一定很好,而创设问题情境法或讨论法就更加科学合理。

3. 教学内容的特点

在初中和高中之间以及初中、高中内部各个年级之间,教学内容的构成,如知识的理论性、难度、呈现方式等,都有着不同的特点。这些不同的特点要求教师在讲授时要采取不同的教学方法。从现在的初中思想品德课的教学内容看,与过去相比,它降低了理论教学的要求,而更加重视初中学生心理品德的引导和体验、良好道德行为的养成、法律意识的培养和社会责任感的形成。针对教学内容的这种变化,如果还是简单地使用过去那种知识传授的方法教学,就很难体现出思想品德课教学内容的特点和要求,也就很难完成教学任务。高中思想政治课的教学内容从必修课看,强调经济、政治、文化、哲学的知识都必须和学生的生活紧密联系,不能离开生活去空洞地学习这些知识,而是要从生活中去学习、领悟和掌握知识。这种教学内容的编排就要求教师在教学方法上要体现其特点。

4. 学生的年龄特征、背景知识和背景技能

中学阶段是一个人身心发展变化最快的时期,从初中到高中,时间跨度大,学生的心理、生理、知识、能力、思想面貌等多方面都存在很大差异。面对不同年龄或年级的学生,教学方法的选择就要从学生的实际出发,突出针对性和实效性。例如,初中学生的思维特点是正处于由形象思维向抽象思维过渡时期,教师在选择教学方法时,要注意这个特点,既不能像对待小学生那样完全以形象思维,又不能像对待高中学生那样重点以抽象思维的方式去进行教学,而是兼而有之,有所侧重。另外,现代认知心理学十分强调学生已经掌握的知识及其构成方式对新知识的迁移作用,因此,依据学生的背景知识和背景技能选择教学方法就显得十分重要。

5. 教师自身的业务素质

教学方法的使用在很大程度上取决于教师本人的能力水平。必须承认,每个教师在教学理念、教学能力、思维方式、性格、气质等方面都有所不同,每个教师都有自己比较熟练和比较陌生的教学方法。比如,有的教师口头表达能力较强,擅长于讲授;有的教师抽象思维能力较好,擅长于逻辑推理;有的教师概括、引导的能力较强,擅长于讨论法等。所以,教师

在选择教学方法的时候,一方面要考虑自身的业务素质,扬长避短;另一方面又要虚心学习别人的好方法,取长补短。只有这样,教师的教学能力才能不断提高。

6. 现有的教学条件

教学方法和教学手段的运用受到现有的教学条件的制约,因此,教师在考虑选择和运用教学方法的时候,一方面,要承认现有的教学条件,因地制宜,充分利用和挖掘现有的教学条件,最大限度地为教学目标的实现服务;另一方面,又要发挥主观能动性,开动脑筋,敢于创造教学条件,充分利用教学资源,提高教学效果。

教学方法的选择、设计除了要依据上述因素外,还应注意以下四点:

第一,要体现新课程的基本理念,有助于推进本课程学习方式的转变和优化。教学方法设计要注意宏观规划和学习方式转变的策略,在思想政治(品德)课程中逐步引入自主学习、合作学习、体验学习和探究学习的理念和方式,实现现代教学方法和传统教学方法的优势互补。

第二,要坚持情理互动原则,把引趣、激情、体验、熏染与逻辑认知、推理论证、实践论证有机地结合起来。

第三,要精心设计问题和情境。以问题和情境为机制,启发学生思维,激发学生的感情,调动学生全身心参与,实现启发诱导与学生的主体参与有机结合。

第四,要关注学生生活,坚持理论联系实际。教学方法设计要注意从学生关注的社会生活现象及其所遇到的具体问题入手,经过抽象,达到理性,然后引导学生运用所获得的理性知识去分析、研究和解决实际问题。

(二)教学方法运用的外部保障

1. 要有合理的教学组织形式做保障

教师在教学过程中具体运用什么教学方法不是随意的,它需要相应的教学组织形式给予保障。在实践中,不同的教学方法承载着不同的教学组织形式。如传统的讲授法,就最适合在班级授课制这种教学组织形式下进行;而新课程倡导的探究式教学、发现式教学就需要在综合化的教学组织形式下进行。

2. 要有适宜的非智力因素做保障

教师要将学生的非智力因素作为教学方法运用的出发点和归宿。一方面,要充分考虑学生非智力因素对某一具体教学方法的运用带来的影响;另一方面,教师要力求通过对教学方法的运用,引发学生继续学习的动机,调动学生学习兴趣,推动学生非智力因素进一步发展。

3. 要有恰当的学习方式做保障

教学方法与学习方式是相辅相成的,有什么样的教学方法,就要求有相应的学习方式与之相配合,否则,教学方法的实施效果极为有限。如新课程倡导的探究式教学法就需要学生的研究性学习与之相配合,互动性教学法需要合作学习法与之相适应。

三、教学重点和难点的设计

确立教学重点和难点,目的是使教师在教学过程中能把握住教学的主要方面和关键的问题,同时,也有利于引导学生有主有次地、有重点地掌握知识、发展能力和形成正确的情感、态度与价值观。

(一)教学重点设计

所谓教学重点,是指教材中经常出现、目前和今后非常有用的知识,也是教材中关键性的知识,如关键性的概念、观点和原理等。教学重点在教材中具有重要的影响作用,它能统帅其他知识,是基础知识中的主要部分,把握它们就能提纲挈领地掌握知识的基本思路,它在学生掌握知识,发展能力,形成情感、态度与价值观方面具有比较重要的作用。

确定教学重点应从以下三个方面来考虑:

(1)要根据课程目标的要求和教材的知识体系来确定;

(2)学生中普遍存在的、带有倾向性的思想理论认识问题;

(3)教材中与学生的实际生活以及现实的社会实际密切联系的有关知识。

(二)教学难点设计

所谓教学难点,是指学生在学习过程中遇到的主要障碍,即多数学生难以理解和掌握的知识或理论问题，以及在情感、态度与价值观形成过程中碰到的困惑。

教学难点的确立应以学生的接受程度为依据，主要有：

(1)教材内容中学生最难接受、最难理解的知识或思想理论观点，特别是比较抽象的教学内容，如“价值规律”、“价值”、“物质”等概念；

(2)在理论上容易理解，但在思想上却难以接受的理论认识问题，如“资本主义民主的狭隘性问题”、“资本主义的腐朽性问题”等；

(3)容易混淆的概念也可以作为教学的难点，如“商品”与“劳动产品”、“违法”与“犯罪”、“主要矛盾”与“矛盾的主要方面”等概念。

在教案设计过程中，教师要集中精力解决重点和难点问题，而不要平均使用力量，对于学生容易理解的问题一般不要花费太多的时间。

四、教学内容的组织设计

(一)教学内容的划分和选择

教学内容的划分是指以一定的标准和方法将教材内在知识结构划分为若干相对独立的教学单位。这种教学单位按知识范围大小可以区分为：单元、课时、知识点。

现行的思想政治(品德)课教材是按单元—课—框—目编排的。课时的划分要根据单元中各部分内容的容量、重要性、难度和实际教学需要来决定。一般来说，课时的划分是以“框”为标准，一般情况下一框内容为一课时，但有时也会出现一框用两课时，或两框用一课时的情况，这是由教学实际情况而决定的。知识点的划分是在教材分析基础上进行的，它是把教学内容的知识结构划分为既相互联系又相对独立的知识点，以便于教学内容的选择和组织。

从前述教学内容与教材内容概念比较中，我们已经清楚教材内容并不等于教学内容，教学内容是在教材内容的基础上经过选择与加工而确定的，它是教学内容设计的一个重要环节。

选择与确定教学内容的关键是要根据学生学习目标差距来选取和确定教学内容。

学习目标差距是指预期的学习目标与教学班学生群体原有认知水平之间的距离。学习目标差距是相对于教学班大多数学生而言;这段差距在通过教与学活动后,大多数学生能基本达到预期目标。差距的内容具体包括新知识的学习,新技能的习得,新方法、新策略的掌握等。

针对学习目标差距选取和确定教学内容有下列要求:

(1)选取与达到教学目标关系密切的内容。例如解释某一概念或原理,应选用典型的事例,而不应该罗列与概念和原理关系不密切的许多例子,或者对事例的某些细节即兴随意发挥。

(2)选取有效的教学内容。与达成目标有关而学生又未能认识的内容我们称之为有效教学内容。教材有其自身系统、知识网络和能力梯度,但相对于学生而言,并不是所有内容都是未知的,凡是班集体中多数学生已经熟悉、理解的知识、技能、方法,尽管与达成目标相关,但并不属于有效的教学内容。例如高一思想政治中"商品"这一概念,除第一次作有效内容学习外,其后在教学中会多次出现,教师不必每次都解释。教师准确选取有效教学内容的关键在于教师对学生群体学习程度、学习状况是否了如指掌。

(3)选取教学重点与难点内容。所谓教学重点,一是指教材重点,即教材中最核心和最有现实意义的部分,或最基本、最主要的内容;二是指教学活动重点,即在教学过程中为实现教学目标、突出教材重点而着重进行的教与学活动。教学难点是指教材中学生不容易理解、掌握或思想上不容易接受的部分。教学重点和难点是造成学习目标差距的主要原因,突出重点和突破难点有利于消除学习目标差距。

(4)选取和确定课时教学内容还要注意"量"的控制和"序"的调整,以显示出课堂教学的呈现方式。所谓"量"的控制,在这里是指进行适度的"增添"或"删减"。所谓"序"的调整,在这里是指将内容适当地"提前"或"延后",使教学内容的组合符合事物的逻辑关系和学生的学习实际。

(二)教学内容的组织设计

教学内容的组织设计,即按照教材的新理念和教学方法,将静态性的教材"文本"加工成为与学生生活经验密切联系的、适合教学展开、有利于教学内容创新的组织状态。思想政治(品德)课程的教学实践和广泛的调查研究证明:教学内容的组织必须满足学生的需要和兴趣,适应其理解和思想水平。思想政治(品德)课的教学内容情境化、生活化、观点材料化、说理形象化和教学形式多样化,比较容易实现学生的主动参与,引起学生个体认识的发生发展。情境、问题和活动是思想政治(品德)课的运作机制,因此,思想政治(品德)课教学内容组织设计的主要任务,是根据学生的发展需要和水平,实现教学内容的情境化、生活化、问题化设计和搞好教学要点的编排设计,其最终目标是使教学内容形成一个重点突出、难点分散、主次分明、顺序合理、逻辑严密、利于能力培育、思想政治(品德)教育功能强大的教学内容序列系统。具体说来,要着重解决以下几个问题:

1. 教学内容设计要"突出重点,突破难点"

由于各个概念和原理在知识体系、教学活动和思想教育中的地位和作用不一样,难度不同,必然有重点与非重点、难点与非难点之分。因此,教学内容设计必须处理好重点与非重点、难点与非难点之间的关系。着重考虑什么内容重讲、细讲,什么内容轻讲、略讲,选用什么材料、设计何种例子、选择什么活动来说明、论证本课的重要理论观点,突出疑难问题;如何引导学生理解基本的理论观点,得出结论,并尝试运用这些理论观点去分析、解决问题。要认真考虑将重点、难点放在什么时段进行教学,安排多长时间;将重点、难点放在学生思维最活跃、注意力最集中的时间,同时要适当分散难点。非重点、难点的教学要为突出重点、突破难点服务,并保证重点、难点的教学有较多的时间。

2. 教学内容要体现情境化设计

情境化设计主要考虑如何使教学有身临其境之感,引发学生的求知欲,让学生带着情感去探索问题,认识事物。情境具有直观性和暗示性,要在教学中营造亲和的心理氛围,启发学生潜意识和情感,诱发学生全身心地参与教学活动,并把教学中的认知活动与情感活动、感性认识活动与理性认识活动、有意注意与无意注意、形象思维与抽象思维有机结合起来。

教学内容的情境化设计必须贯彻以下要求:

(1)情境要蕴理、含情、生活化、形象逼真、形式新颖;

(2)虚拟情境与真实情境有机结合,尽量多创设真实情境,提出恰当的道德行为要求；

(3)依据教学认识活动的导入、发展、深入、拓展、转换不同环节的要求，设计不同功能的情境，并保持情境的关联性、连续性、递进性；

(4)情境必须同问题或活动相关联，具有互动性；

(5)情境设计要贯彻效益原则，力争在课程标准规定的时间内，以最少的物质材料创设出符合功能要求的情境。

3. 教学内容要体现问题化设计

传统的课堂教学主要是通过教师的讲授，将教材的内容灌输给学生。新课程认为，课堂教学不是对教材内容的移植，而是对教学内容有意义的建构，这就否定了教师对教材内容的单纯陈述。为此，必须变教材内容陈述性叙述为问题性叙述，变教学内容的陈述化设计为问题化设计。在对教学内容进行问题化设计时，应注意以下几点：

一是要组成问题系列。也就是说，要依据教材内容，联系社会现实问题或学生关注的生活热点问题确定一个主题；围绕该主题，将教材知识按其逻辑关系分设若干个具有内在逻辑关系的问题，组成一个问题体系。这样，既可以使教学紧扣主题，又能保持教学的逻辑性。

二是要围绕教材的关键点设问。重点、难点、理论联系实际点，以及知识与知识的衔接点、观点与材料和认识与实践的转化点，是教学内容的精华和要害。如果以问题的形式揭示出来，可以将学生的注意力和思维活动引导到教学内容中来，这有利于教学突出重点、突破难点，实现教学目标。

三是要针对社会生活的热点设问。所谓"社会生活的热点"，就是指一段时间内社会舆论所关注的焦点，如国内外的重大事件、时事热点、社会或学校的重大活动、发生在学生身边具有较大影响的事件等。这些热点问题通过各种渠道进入学生的视野，形成思维上的兴奋点和疑点，他们总是希望得到某种方式的解答和说明。教学实践一再告诉我们，学生不是不愿意上思想政治(品德)课，而是不愿意听那些脱离实际的说教。根据热点设问施教，既能有效地激发学生思维的兴奋点，也是思想政治(品德)课发挥自身价值的契机。这样的课，必然会受到学生的欢迎。

四是问题难易要适度。问题的难度应当遵循"大于个人能力，小于小组合力”的原则。难度大于个人能力,使小组合作成为必要;小于小组合力,可以保障小组合作的成功。如果问题太难,学生在已有的知识经验范围内无法解决,就会使之生畏;而问题太容易,唾手可得,则容易养成思维的惰性。所以,问题设计应当把握好难易程度,较难的问题应当将它分解。

五是设问方式要新颖生动。这是由学生的思维和道德情感特点决定的,也是激发学生情感、促进学生积极思维的一个重要条件。这就要求从学生喜闻乐见的形式和材料设问,避免问题的单调、呆板、枯燥。既可以直接设问,也可以从漫画设问、表演设问、活动设问、演示设问、事例设问、音乐设问、笑话设问、故事设问、寓言设问,等等。

六是要根据教学的不同阶段设计不同的问题。成功的设问必须与教学进程相适应,根据不同教学阶段的目标、任务及实际状况,有针对性地提出相应的问题,以保证教学进程的连续性,推动教学进程的不断深入。

4. 教学内容要进行生活化设计

现代认知心理学认为,学习过程是学习主体对学习客体主动探索,不断改进已有的认知和经验,构建自己认知结构的过程。对教学内容进行生活化设计,有利于调动学生学习的主动性和积极性,启迪学生思维,提高思想政治(品德)课教学实效性。

五、教学过程的优化设计

思想政治(品德)学科教学过程是一个多目标、多层次、多要素构成的复杂系统和运动过程,是一个由各种教学要素集合于一定教学目标之下,按照一定教学规律有秩序运行的过程。这一过程一方面通常是学生根据教学目标在教师的指导和帮助下积极主动学习人类社会的间接经验,实现自身全面发展的过程,另一方面是教师指导学生掌握知识、培养能力和情感、提高认识和觉悟、锻炼意志、树立信心、形成个性的过程。

(一)思想政治(品德)课教学过程的基本环节

根据巴班斯基的思想,教学过程可视为:教学目标—教学内容—教学方法—教学组织形式—教学效果序列。这一序列中的五个环节彼此相互联系,相互制约,体现出社会、心理、控制三方面的因素及其统一。

教学过程序列如果进一步具体化,就会出现许多教学环节。教学环节是指教师组织和管理教学过程的具体步骤,也可以说是教学过程展开或发展的程序。同一般教学过程一样,思想政治(品德)学科教学过程从活动序列来看,它也是由一堂课接一堂课的运动形式所组成,它与一般教学过程之间有着共同的教学环节。

现代教学论从教与学活动的角度去考察教学过程的诸环节,总结出教学过程的基本环节是:预备—上课—辅导练习—复习检查—总结教学。其中,教师教的环节是:备课—讲课—辅导—检查—总结;学生学的环节是:预习—听课—练习—复习—总结综合。在这诸环节中,“预备”是上好课的前提;“上课”是教学的中心环节;“辅导练习”是上课的继续和补充;“复习检查”是教学反馈的手段;“总结教学”是提高教学质量和改进教学不可缺少的环节。

事实上,思想政治(品德)学科教学环节可以根据思想政治(品德)学科实际需要和课程标准的规定作相应的调整。例如,目前我国各地的政治教师根据自己多年的教学经验和教学结构的需要,根据教学目标设计了以下教学模式:

(1)来自生活的报告—教学互动,合作探究—走进生活,判断运用;

(2)情景导入—情景分析—情景回归;

(3)观察生活—理解生活—参与生活;

(4)情景导入,观察生活—情景分析,理解生活—情景回归,参与生活;

(5)创设情境,设置问题—自主学习,合作探究—走进生活,体验践行。

在这些教学模式统率下,教师在教学实践之中还设计了以下教学环节,如“读—议—讲—练”四环节教学,“自学—启发—作业—改错—复习—小结”六环节教学和“提示—阅读—质疑—讨论—精讲—练习—小结”七环节教学等。这些教学模式和教学环节尽管形式不同,但是都体现了“以学生为主体,以教师为主导,以实践训练为主线”的新的教学思想和课改精神。

(二)思想政治(品德)课教学过程优化的标准和设计原则

教师通过对教学系统的分析和综合,通过对教学方案进行优化设计,争取在现有条件下用最少的时间和精力去获得最好的效果。具体运用到思想政治(品德)学科教学过程,有如下内容:

1. 效果标准

效果标准是根据学生不同起点提出不同的要求。它包括三层含义:首先是指全面评价教学效果,即从知识、能力、觉悟三方面衡量思想政治(品德)学科教学效果;其次是指作为评价教学效果的标准应该是国家所规定的思想政治(品德)学科教学任务和课程标准;再次是指评价教学效果的标准必须依据实际可能和具体条件。因为评价标准是相对于具体情况而言,如差生达到及格水平可能已是最优化,而优生取得"良"的成绩则不能认为是最优化。

2. 时间标准

时间标准是指教师和学生用于课堂教学和课外作业的时间应不超过国家规定的时间定额,即用最少的时间达到一定的效果。

时间标准也包括两个要求:一是政治教师必须遵守教学计划中的时间规定,争取在规定的时间中获得最好的效果。二是时间消耗计算标准要因具体情况而异。不同年级的上课时间和家庭作业时间的最高限额应不同,优生和差生的时间消耗计算也应分开。

这两个标准分别从质和量两个方面监控教学过程,成为衡量教学效果的标准。

思想政治(品德)学科教学过程的最优化设计牵涉到教学过程的全部基本成分,如教学目标、教学内容、方法、手段、组织形式、教学速度和教学反馈等。对这些要素进行优化设计,应坚持以下几个原则:

第一,要完整地掌握思想政治(品德)学科教学过程全部基本成分的选择程序,同时选择具体条件下最优的教学速度。

第二,掌握思想政治(品德)学科教学过程的辩证性,了解各种教学形式和方法的优缺点和适用范围,辩证地运用教学形式和方法。

第三,正确把握教学系统的发展与变化,用动态的眼光选择教学结构模式,防止出现教条主义和刻板公式。

第四,实行教学形式和教学方法的合理搭配和优化组合,促进学生思维多向活动。

(三)典型的新授课教学过程设计

典型的新授课教学过程是指课时教学过程的基本框架结构,即基本的教学环节和步骤,不排除一些特殊性的、富有新意的设计。教师在具体设计教学过程时,可以此为参照,但不宜生搬硬套,应根据教材内容,把借鉴与创新结合起来,灵活地进行设计。

一般来说,典型的新授课主要包括以下几个基本的程序或步骤:

1. 创设情境,导入新课

创设情境,导入新课,就是通过恰当的教学方法和教学手段,把学生带入与新授课教学内容相关的特定情境中,导入新课。同时,激发学生的学习情感和兴趣,使学生进入积极思考的学习状态。要求:

(1)所创设的情境要能够激发学生的情感和兴趣,能够引发学生思考,能够起到以旧引新、承前启后的作用。

(2)要根据不同的教学内容创设不同的情境。

(3)所运用的教学手段要少而精,注重实效。

2. 启发引导,自主学习

启发引导,自主学习,就是学生在教师的启发和引导下,通过阅读、独立思考、小组研讨、举例子、分析归纳、抽象概括等过程和方法获取知识,得出结论,理解教材中的基本概念和基本原理。对于一些基本概念和基本原理比较抽象难懂的,宜采取教师讲授和学生自主学习相结合的方法。但是,不能以教师的讲授代替学生的自主探究学习。要求:

(1)彻底改变教师"一言堂"。凡是学生能通过自学搞清的内容,教师绝不包办代替。教师在必要时(学生经独立思考、讨论仍难以解决的问题,易混淆、易忽视的问题等)进行精要的讲解和点拨。

(2)鼓励学生提出问题,发表不同的见解,培养学生的创造性思维。

(3)充分发挥教师的组织指导作用。如根据教学内容设计恰当的问题启发学生思考,指导学生阅读和理解教材,组织好必要的讨论,提供必要的信息,对学生的学习活动表现及时给予鼓励引导等。

3. 情景回归,运用知识

联系实际理解和运用知识就是贯彻理论联系实际的原则,引导学生初步运用所学的基本概念、基本原理来观察分析和解决具体问题,把“学”和“用”有机地结合起来,培养学生的学科能力。要求:

(1)要在讲清、弄清基本概念、基本原理的基础上进行。

(2)要精心设计和选择所要联系的具体问题,要有典型性,不可过多。

(3)要注意教给学生观察分析问题和解决问题的依据、方法和思路。

4. 归纳小结,巩固深化

归纳小结,巩固深化,就是启发引导学生对每节课的教学内容以及自己的学习收获作简要的归纳总结,以进一步理解、巩固、深化所学的内容,达到课程标准所规定的教学要求。要求:

(1)通过归纳小结,要培养学生概括、归纳、综合等抽象思维能力和语言表达能力,提高学生的思想认识。

(2)应围绕教学目标和教学重点设计一定的巩固练习题。

(3)尽量以学生为主进行归纳小结,教师只作必要的补充和评价。

(4)注意培养学生实事求是的良好学风,总结收获时应谈真情实感,戒说大话、空话。

第三节　教学设计的简化形式——说课

说课要求教师在15分钟左右的时间内,将一节课的教学设计、教学过程和教学内容用简要、准确的语言表达出来,呈现给听众。它是进行教学研究、教学交流和教学技能训练的新形式,也是集体备课的进一步发展,有利于教师提高自身理论素养和教学技能。

一、说课概述

说课是教师教学业务活动的重要内容,也是提高教师教学素质的重要手段。因为,通过说课可以把教学的成功建立在教师教学工作的规范化、合理化和有序化的基础上。通过说课的过程,会使教师的教学目标更加明确、程序更加清晰、针对性更强、可行性更好。所以,每一位教师都应该掌握一定的说课艺术。

(一)说课的含义、意义

所谓"说课",就是讲课教师在备课之后,向其他教师或领导介绍自己关于某课的教学设想及其理论依据,而后听众评议、交流切磋的一种教研形式。通过这一教学活动,可以使参与备课的同行或参与评课的教师了解说课人的教学设想的整体情况,以便有关教师进行学术和业务交流。实践表明,说课是提高教师教学水平具体、生动、经济、有效的方式。说课的根本目的就是为了优化教学设计、达到教学最优化,为优质高效地实现教学目标提供一个横向交流的机会和平台,促进同行教师群体教学质量的全面提高。我们在理解说课的含义时,一要注意说课是在一定的教学理论指导下,遵循一定的教学理论而进行的;二要注意说课的听众是学校领导、专家和同行教师;三要注意说课的形式是在借助相关辅助工具基础上的语言表达。

说课对政治教师来说具有十分重要的意义。具体表现在:第一,是提高教师业务素质的有效方法。前文已说过,"说课"是教师在自己独立备课的基础上,系统地谈谈自己的教学设计及理论依据,以达到相互交流、共同提高的目的。所以,我们讲它是提高教师业务素质的有效方法。第二,说课是考核教师业务素质的重要途径。说课是教师备课的全过程的浓缩和升华;是一份已经溶化在教师脑海里的教学方案。通过说课活动,就可以考核教师的业务素质,并为提高教师的业务素质打下基础。第三,说课是推动课堂教学改革的有效措施。说课有助于教师全面地掌握教材,不断改革教学方法,减轻学生学业负担,提高教学质量,同时也是提高教师素质、推动课堂教学改革的有效措施。因此,要把课说好,就必须了解课堂教学改革的趋势。

(二)说课应注意的问题

1. 说课要突出一个"新"字

创新是艺术的生命。只有创新才能突出说课的艺术,"新"是说课成功的关键。“新”的要求很高，主要包括：方法新——不能平铺直叙；结构新——要有起伏，高潮迭起；练习新——要激发学生兴趣，启发学生的智慧；手段新——运用多媒体突出重点，图文并茂；设计新——导入新课、讲授新课、巩固新课、结束新课等几个环节要环环相扣，具有新意；内容新——说的内容能吸引学生，引起共鸣。

2. 说课要体现一个“美”字

美是艺术的核心。说课同讲课一样，处处体现美，给人以美的享受。“美”的内容很多，主要包括以下几个方面的美：内容美——教师要善于从教材里感受美，提炼美，提示美，使原有的美更添特色；语言美——教师语言美是决定说课质量高低的重要指标和依据，因此，在说课时，应尽可能地使用普通话，做到抑扬顿挫，要有激情；情感美——情感是教学艺术魅力形成的关键因素，没有强烈的情感，就不可能把课说得成功；板书美——板书是教师在备课中构思的艺术结晶，它是以独特的魅力给学生以美的熏陶；教态美——教态是沟通师生情感的桥梁，教态美可以唤起学生对美的追求。

3. 说课要突出一个“说”字

说课要用一节课的四分之一或三分之一的时间说出一节教学环节齐全的课，要经过导入新课、讲授新课、巩固新课、结束新课等过程(对反馈教学来说，要经过激趣、研讨、反馈、矫正、评价、调控等过程)。因此，说课者要根据教学内容和课型抓住这节课的基本环节去“说”。主要是说思路、说教法、说学法、说过程、说结构、说内容、说练习、说学生等。

在说课过程中，要特别注意以下几点：第一，“说课”不等于“备课”，教师不能按教案读；第二，“说课”不等于“讲课”，教师不能视听课对象为学生去说；第三，“说课”不等于“背课”，教师不应将事先准备好的“说案”只字不漏地背下去；第四，“说课”不等于“读课”，教师不能拿着事先准备好的材料去读。因此，教师在说课时，要紧紧围绕一个“说”字，突出说课的特点，完成说课的进程。

4. 说课要选准“说法”

教学思路是教师课堂教学思想的具体体现，是实施教学过程的基本构想，教师在授课时，也要环环扣住课堂教学的基本思路。能否围绕教学思路去实施“教法”,能否围绕教学思路展开“说法”,无疑是说课成败的重要因素之一。说课的方法很多,需要因人制宜、因材施“说”,如说情、说理、说现象、说本质、说规律、说演变、说事实、说谬误、正面说、反面说等。但无论怎么“说”,均要沿着课堂教学思路这一主线,才不会让“说法”跑野马,才能提高说课的质量。

5. 说课要找准“说点”

说课的对象不是学生,这些听众可能是说课的评委,本学科的教师,以及教学部门、教育行政部门的评价人员。但无论怎样,这些听众都会竭力站在学生的角度去对待你所说的课,去审视你说课的一字一句、一举一动。包括教学方法的选用、教学重点的突出、教学难点的突破、教学环节的把握以及教学语言、语气、表情、称呼等。因此,说课者要置身于听众思维与学生思维的交汇处,站在备课和讲课的临界点,变换“说”位,编写“说”案,研究“说”法,找准“说”点。

6. 说课要把握好“度”

说课的重点应放在实践教学过程、完成教学任务、反馈教学信息、提高教学效率上。也就是说,说课应重理性和思维,而讲课则重感性和实践。因此,在极其有限的时间内完成说课,必须详略得当,繁简适宜,准确把握“说”的度。说得太细太繁,时间不允许,听众也觉得没必要;说的过略过简,说不出基本内容,听众无法接受。那么,如何才能把握好“说”的度呢?最重要的一点是因材制宜,灵活选择,把课“说”活。也就是说,说出该课的特点特色,把课说得有条有理,有理有法,有法有效,说得生动有趣。这就要求教师要认真钻研“说”的教材,精心设计“说”的说案,灵活选择“说”的方法,准确实施“说”课的教程。

二、说课的主要内容

作为课时设计,不仅要考虑一堂课的各个要素,还要考虑各个要素之间的相互联系、相互结合、相互制约,它追求的是教学设计系统的整体优化。教学设计是要把很多教育教学因素组合在一起,如使教学思想、教学目标、教学过程、教学方法、教材、教学重点、课时划分、教学结构、顺序、教学评价、师生互动等因素形成一个综合体。教师说课时,主要是说以下方

面的内容:

(一)学情分析

说课人以最简洁的语言,开门见山地点出课题(包括所使用的教材版本,出版的时间,在本教材的哪一课、哪一节、哪一框题),并介绍所任教的年级和班级学生的基本情况,如背景知识和背景技能、思维特征、思想状况等,既要介绍有利于本课教学的相关因素,也要介绍不利于本课教学的相关因素。

(二)教材分析

1. 说教材的地位和作用

即介绍本课、本节、本课时教材的地位和作用以及与前后章节的知识联系。

2. 说教学重点和难点以及认定的依据

突出重点、突破难点是教师每堂课教学中都要面临的问题,讲清重点难点,对提高教学质量有直接、重要的作用。

只有明确重点,才有可能突出重点。教师在说课前必须钻研教材,吃透教材,弄清本框题在一册、一课、一节教材中的地位及与其他框题的关系,具体搞清基本概念、基本原理、基本技能的内容和要求。只有明确了重点,并把它钻研透彻,才能融会贯通,只有先做到深入,然后才能浅出。

只有抓准难点,才能解决难点。说课教师必须了解学生思想情况、学习基础、学习态度、接受能力和知识缺陷,特别是学生对教材中难以理解的问题。只有这样,教师才能针对学生的疑难问题,进行有的放矢的说课和教学。

3. 说教学目标

教学目标是教学活动所需要达到的结果和标准,是教学工作的出发点和归宿。按照新课程理念,说课要说出以下三个方面的目标:

知识目标。主要是指通过教学使学生获得或者掌握哪些方面的知识,包括概念、原理、规律、观点等方面的知识。

能力目标。主要是指通过教学使学生形成哪些方面的能力。包括认知能力、观察能力、思维能力、分析能力、综合能力和解决问题的能力等。

情感、态度与价值观目标。主要是指通过教学培养学生哪些方面的情感和态度,在价值观上达到什么样的要求。

(三)教学方法

1. 说教法

为了实现教学目标,必须采用恰当的教学方法。只有教学方法选择恰当,才能取得事半功倍的教学效果。因此,我们讲教学方法的基本问题,实际上是如何选择的问题。所谓说教法,也就是说教学方法的选择。教师面对众多的教学方法,哪些方法对自己当前的教学情境来说是最好的? 这些方法又如何结合在一起? 这既是个理论问题,也是一个实践问题,而且又是一个技巧问题。其技巧性表现在教师要在整个教学方法体系中,根据具体的教学目的和任务、教材内容和特点、学生的情况和教师自身的特点进行综合分析,把多种教学方法有主有次地结合起来,创造性地加以运用,达到最佳组合。

选择教学方法要掌握好"三个特点",处理好"三个关系",体现"三点价值"。

三个特点:一是掌握课程的性质和教材内容的特点,根据不同内容选择不同的教学方法;二是掌握学生年龄特征和个性特点选择教学方法;三是掌握不同学习的特点采用不同的教学方法。

三个关系:一要处理好方法和内容的关系,使方法更好地为内容服务;二是要处理好方法和效果的关系,使方法和效果统一,讲求实效,不图形式;三是要处理好教学方法和学习方法的关系,使学生由"学会"变为"会学"。

三点价值:一是适应性——教学方法适应教学内容传递的需要和适应学生的智力结构;二是启发性——启发学生独立思考,鼓励主动寻求知识,掌握方法;三是生动性——能激起学生兴趣和情感,达到反馈求知、开发智力的目的。

教无定法,重在得法,贵在用法。说课教师教法设计怎样才算科学合理? 一般应遵循这样四条原则:第一,从学生出发,注重学习能力的培养。教学方法设计要有利于激发学生的学习兴趣,调动学生学习的积极性。第二,从学生认知特点出发,遵循循序渐进的学习规律。第三,从教材内容出发,因材施教。第四,从教师自身素质出发,因人而异,各显其能。

2. 说学法

说学习方法就是说出对学生学习方法的指导。如:教学生怎样学会学习;怎样调动学生学习的积极性;怎样激发学生学习的兴趣等,并要说出其理论依据。说学法,主要说清三个方面的内容:一是分析学生在教学过程中可能出现哪些障碍及原因;二是说清教学过程中指导学生掌握何种学习方法;三是要根据学生的年龄特点和认知规律,说清准备创设何种教学环境和条件,来保证学生在45分钟内有效地进行学习。

总之,说学法也就是在教学过程中,从教材的特点出发,结合学情,渗透学习方法的指导,让学生掌握科学的学习方法。做到“授之以渔”,培养学生分析问题、解决问题的能力,达到发展智力的教学目的。

(四)教学过程

教学过程是说课的重点部分,是对本节课教学活动和教学进程的具体计划安排,说课教师应按照教学的先后顺序说出各部分的教学内容,应体现各部分教学内容的具体教学组织形式和讲解过程。如:教师如何运用教材、如何指导学生,选择什么样的事例来联系实际、阐述观点,怎样同学生发生联系、共同参与学习等。另外,说课教师还要安排各部分内容所占用的时间,在时间的安排上应注意不能把一节课的时间全部安排在教师的讲授上,而应留出适当的时间作为学生互动、练习、阅读、提问和讨论的时间,以利于学生当堂掌握所学内容。总之,要根据学生认识规律和学科知识形成规律,科学规划教学流程,次序安排恰当,过渡自然,教学构思好,有利于突出重点、突破难点。

(五)板书设计

说板书设计,重要是说板书设计的构思及其与教学内容的逻辑关系。值得注意的是,只有那些匠心独具、有特色或者有艺术性的板书值得说。因为漂亮的板书能唤起学生美的情感,给人以美的陶冶,美的享受。因为课题板书既是科学,又是艺术。说它是科学,指的是它要将课文内容系统化、条理化、形象化,有助于突出教学重点,突破难点;说它是艺术,指的是它能综合运用文字、图画、线条、色彩等手段,强化表现力,让学生的思想情操、审美观点受到感染和熏陶。

板书是使学生通过视觉而获得知识信息的,它是最简易的利用视觉交流信息的渠道,它比从听觉获得信息的时间长好几倍。板书有利于巩固课堂所学知识,因而是提高教学质量和效果不可忽视的一种教学手段。

精湛的板书,不是文字和线条的简单结合,而是教材中的重要内容通过教师有目的的构思、按一定规则画出的直接图形。精湛的板书,是老师心血的结晶,它要求教师必须根据教材特点,讲究艺术构思,做到形式多样化、内容系列化、表达情景化。同时,它还要求教师根据教学实际,遵循板书的基本原则,具有明确的目的性、鲜明的针对性、高度的概括性、周密的计划性、适当的灵活性、布局的美观性、内容的科学性、形式的直观性。这样,才能给学生以清晰、流畅、整洁、明快的感受。

因此,说板书设计既要注意排列美(这是外观美),更要注意组合美(这是内容美)。好的板书设计,要根据教学的思想、学习的思路、教材的意图,对原教材的顺序进行调整、重新组合产生一种暗示效应,使信息得到浓缩。

(六)教学反思

说课者对自己的授课方案进行预测性反思:本节课按照我的设计进行授课有哪些亮点?还存在哪些问题?对这些可能存在的问题我有什么处理的预案?

三、说课的基本要求

(1)要充满激情,亲切自然。说课时,不但要精神饱满,而且还要充满激情。要使听者首先从表象上感觉到说者对说好课的决心与自信心,从而感染听者,引起听者的共鸣。

(2)要详略得当,重点突出。说课的对象不是学生,而是教师同行,所以,说课时不宜把每个过程说得太详细,要重点说出如何引导学生理解概念、掌握规律的方法,说出培养学生学习能力与提高教学效果的途径。

(3)要紧凑连贯,简练正确。说课语言应该具有较强的针对性——教师同行。语言表达要十分简练干脆,要有声有色,前后整体要连贯紧凑,过渡要流畅自然。

(4)要表现专长,突出特色。要说出对教材、教法有别于常规的特殊处理和安排,从而体现出说课者的教学专长和教学成果,突出教学特色。

(5)要体现"教改"精神。说课要把教师的"教"与学生的"学"有机地结合起来,注重学生的全面发展,特别是要注重对学生非智力因素的培养,把素质教育落到实处。

(6)说课时要尽可能地使用普通话,语速要适中,要有节奏感;不要有任何多余的口头禅。

四、说课通常存在的误区

说课是提高教师业务素质的有效方法,是考核教师业务素质的重要途径,也是推动课堂教学改革的有效措施,具有鲜明的艺术性、很强的操作性和实用价值。但是把课"说"好,不是一件容易的事。在实践中,说课者往往存在以下几个误区:

第一,学情分析不到位。学情分析是教学目标设定的基础,是教学内容分析的依据,是教学方法选择和教学活动设计的落脚点。分析学情要到位,不仅要分析学生年龄段特点、学生学习态度和学习风格,还要重点分析学生的背景知识和背景技能;不仅要分析学情中有利于本课教学的因素,还要分析学情中制约本课教学的因素。

第二,教学目标设定不科学。教学目标是教学总体设计的出发点和归宿,是影响师生教、学行为的核心因素。为此,课程标准确定了课堂教学的三维目标:知识目标,能力目标,情感、态度与价值观目标。在教学实践中,教师在设定这三维目标时,要防止和克服三种错误的倾向:一是偏重认知领域的教学目标,忽视情感、态度与价值观领域的教学目标,造成教学目标设定的片面性;二是脱离所教具体班级学生的实际和个性发展的要求,简单照搬教学参考资料上的教学目标,造成教学目标的设定缺乏针对性;三是三维目标设定大而空,特别是能力目标和情感、态度与价值观目标的设定,没有紧扣课时教学内容的特点,而是把要通过一个单元、一个学期甚至是整个学段的教学才能达到的目标当做课时目标来设定,使得教学目标缺乏可操作性。

第三,教学方法选择不恰当。很多说课者在说教法和学法时,不能科学地选定教法和学法。有的教师完全抛开传统教学方法,有的教师一节课选择了四五种教学方法,还有的教师所说的教学方法和教学过程中实际运用的教学方法不一致。其实,新课程倡导的教学方法应该是传统教学方法和现代教学方法的完美结合。教师应该根据课标要求、教材内容、教学目标、学生特点、教师专长及教学外部条件,合理选择两到三种主要教学方法说说即可,并且要注意和教学过程中实际运用的教学方法要吻合。

第四,板书设计无新意。板书是教师无声语言之一。好的板书不仅能够帮助学生系统掌握一堂课的主要内容,把握一堂课的精华和关键,还能充分调动学生感官的积极性,给学生一种美的享受。好的板书在内容上要能突出重点,准确精要,具有启发性;在形式上要结构精巧,别具一格,具有新颖性。板书的形式多种多样,有提纲式板书、结构式板书、线索式板书、图解式板书、表格式板书等。具体采用哪种板书样式,要根据教学内容的特点、学生的实际和教师的教学风格来确定。

第五,教学反思不全面。教学反思是教师专业发展和自我成长的核心因素,是优化课堂教学、实现教师可持续发展的重要举措。教学反思从反思的时间来看,分为课前反思和课后反思两种,说课应该要有教学反思这个环节。说课中的教学反思属于课前反思,即授课者以预测式的口吻进行反思。反思的内容主要包括教学是否体现了新课程的基本理念、教学目标是否以促进学生的发展为根本宗旨、教学内容是否准确合理、教学方法选择是否科学恰当等。课前反思要全面,一方面要反思在未来可能的教学中有哪些“闪光点”,总结这些闪光点,使之成为稳定的理性行为,可以使后续的教学更加精彩;另一方面,教师还要反思自己的不足和可能存在的问题,查找原因,并制订应对问题的预案,使得自己的教育教学能力不断提高。

高中思想政治说课案例及评析:公司的经营

大家好!我说课的课题是人教版普通高中政治(必修1)经济生活第二单元第五课第一框——公司的经营。我将从学情、教材、教法学法、教学过程、板书设计、教学反思六个方面来进行我今天的说课。

一、学情分析

著名教育心理学家奥苏伯尔认为,影响学习最重要的因素是学习者已经掌握了什么。我们要探明这一点,并应据此进行教学。因此首先我将进行学情分析。

通过前面几课的学习,学生对生产、生活、消费等问题有了一定的认识,尤其是在国际金融危机这一大背景下,很多企业面临“破产”和“重组”。为什么会出现这种情况?学生对此充满探究的欲望。然而,高一学生在实际生活中对公司的理解仅仅停留在感性认识层面,缺乏理性思考。

二、教材分析

科学把握教材是教学成功的关键。下面我将从教材的地位和作用、教学目标以及教学重难点三个方面展开我对教材的分析。

(一)本框的地位和作用

教材第一单元介绍了“生活与消费”,为了满足人们日益增长的生活消费,必须提供更多更好的商品和服务,因此,第二单元就应该研究分析物质资料的生产。要认识生产及市场经济这个整体,就必须了解构成它的“细胞”——企业。且作为新时代的劳动者,我们是在企业中发光发热的。因此本框在教材中起到了承上启下的作用,具有十分重要的地位。

(二)教学目标

根据高一学生的认知水平和心理特征,结合本堂课的教材内容和学生实际状况,我确定了以下三维教学目标。

知识目标:了解公司的含义、类型和组织机构;理解影响公司经营成功与否的基本因素、企业兼并和破产的积极意义。

能力目标:通过学习公司的创办、经营等相关知识,为提高学生未来的创业能力打下坚实的基础;通过学习公司兼并、破产等相关内容,进一步提高学生的辩证思维能力。

情感、态度与价值观目标:使学生牢固树立诚实劳动、合法经营、积极创业、锐意进取、诚实守信等观念;进一步增强学生依法设立公司、诚实经营、科学管理的意识。

3.教学重难点

教学重点:公司的类型以及影响公司经营成功的因素。

[依据]准确理解好这部分内容,是把握本课知识的基础和关键,也是连接下一框题的纽带。

教学难点:企业的兼并和破产。

[依据]此部分内容理论性较强,而学生刚刚步入高中学习,生活阅历较少,背景知识缺乏;同时人们对此问题的认识还存在误区,认为在社会主义国家,企业的兼并和破产是难以理解和难以接受的经济现象。

三、教法学法

我们常说"教无定法,重在得法,贵在用法",现代教学理论认为,学生是学习的主体,教师是学生学习的组织者、引导者。根据这一教学理念,结合本节课的教学内容和学生的实际状况,我将采用情境教学法、案例教学法、讲授法进行教学。

同时,我紧紧把握学生的"最近发展区",配合情境设置问题,引导学生主动参与教学活动,以独立思考和相互交流的形式,在教师的指导下采取集体讨论法、分析归纳法、总结反思法进行学习,从真正意义上完成对知识的自我建构。

另外,在教学过程中,我采用多媒体辅助教学,以更好地激发学生的学习兴趣,增大教学容量,提高教学效率。

四、教学过程

(一)走进生活,情境导入

多媒体播放:《苹果公司发展史》视频片段。

教师以美国苹果公司前首席执行官乔布斯的逝世为引线,讲述苹果公司大事记及乔布斯生平简介。

提问学生:为什么苹果公司会取得如此的成功?

学生热议后踊跃发言,轻松导入新课。

设计意图:良好的开端等于成功的一半。利用视频播放最新时事,集中学生的注意力,激发学生学习兴趣。再让学生自己发言对苹果公司成功经历的看法,即刻拉近了经济生活与学生的距离。

(二)理解生活,合作探究

第一目:公司的类型。

请同学们为自己服装厂选择一种企业形式。教师引导学生认识到,要顺利建成而且要经营成功的话,我们必须考虑以下几个问题(在激发学生情感基础上,因势抛出三个环环相扣的问题):

1.什么是企业,企业的地位,企业的类型

请学生自主阅读课本,自学企业的相关概念。

多媒体展示图片,提问学生以上哪些是企业?并说出理由。

学生回答后,在教师的带领下阅读课本"名词点击",得出结论。

2.假如你选择的是公司,那我们必须了解什么是公司?根据现有的条件,你们选择哪种公司,为什么不选择另外一种公司呢

多媒体展示:2011年《财富》世界500强中的中国公司。

提问学生企业就是公司吗?引出公司的含义。

对于公司的分类,请学生自主阅读课本找出两种分类,并了解其相关概念。

继而把学生分成两组,展开讨论,说出你选择这种公司的理由。在讨论过程中,师生合作共同完成有限责任公司和股份有公司的比较表格。

设计意图:从学生最感兴趣的生活问题入手,把原本刻板的知识点让学生根据自己的理解融入解决问题的方法中,不仅通过理论指导了实践,也在实践过程中加深了对理论的理解。

3.公司制有何重要作用

举例奇瑞公司,通过规范的公司制改革,使得奇瑞焕发了活力,冲出亚洲,走向世界。

设计意图:通过对一个背景案例的讨论分析及几组相关热点问题的解决,进行由浅入深、循序渐进的启发式教学,激发学生的求知欲望,引导学生积极思考、独立探索、自行发现并得出结论,达到教学目的。

第二目:公司的经营与发展。

当今世界上每天都有成千上万个新公司成立、旧公司破产,有的公司长盛不衰,有的公司在市场竞争中昙花一现。引出:

1.决定一个公司经营成功与否的三个主要因素

(1)公司要制订正确的经营战略。

班级学生对“红牛和脉动”两种功能饮料消费情况进行调查,让学生说一说人们为何会更多选择脉动的原因(价格因素),说明红牛高端策略错失市场的遗憾(反面),再以洋快餐——肯德基在中国迅速扩张的事例(正面),从正反两个方面,让学生形成一种理念——公司要经营成功必须制订正确的经营战略。

(2)公司要依靠技术进步、科学管理等手段,形成自己的竞争优势。

再次以奇瑞公司为例,说明奇瑞公司是如何通过提高自主创新能力,采取了一系列措施改进技术、完善经营管理来形成自己的竞争优势的。

(3)公司要诚信经营,树立良好的信誉和企业形象。

以“南京冠生园”因陈馅月饼事件走向败落和日本丰田公司针对公关危机采取了汽车召回制为例,对比说明公司是否诚信经营,关系到企业成败。

设计意图:通过设置情境,引导学生分析问题,真正做到了把课堂还给学生。

2. 企业的兼并和破产

以漫画——“救死”,引出这样的企业该不该救?如何救?引出主题。

继而列举一些世界著名的“兼并案”——微软、英特尔、联想收购IBM的全球PC业务。让学生懂得:社会主义市场经济同样具有竞争,在激烈的市场竞争中,某些经营不善的企业会被兼并或破产,这是价值规律起作用的必然结果。

进而阐述什么是兼并、兼并的作用,什么是破产以及破产的作用。

设计意图:通过对漫画的分析,以讽刺的手段引出概念,直观形象,对比性较强。

(三)回归生活,情境升华

调查自己的父母或亲友所在企业的类型及其经营状况,并分析其原因,写出调查报告。

设计意图:结合教材内容,设置开放式的题目,提高学生运用理论分析实际问题的能力,符合新课程的理念。

五、板书设计

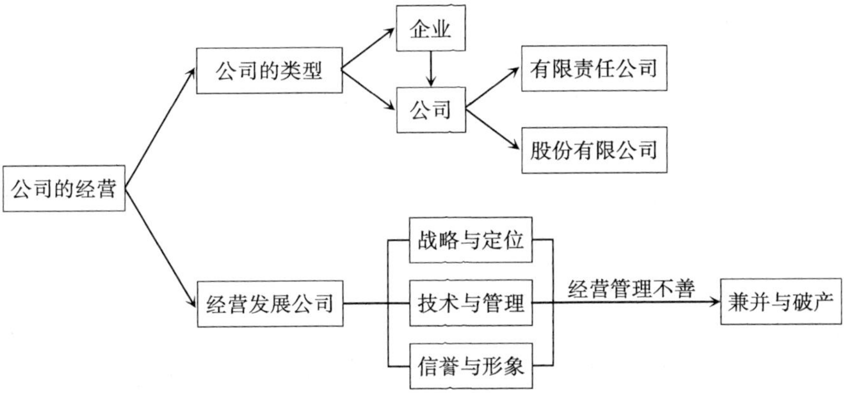

设计意图:曾经有人这样形容过板书,说板书是“提纯的金,琢成的玉”。可见好的板书对学生是一种艺术的熏陶,起到了潜移默化的作用。结构式板书,条理清楚、层次分明。

六、教学反思

由于本节课的教学活动尚未展开,故将用预测性的口吻反思如下:

本节课我本着“以生为本”的教学理念,各个环节的设计都以学生为主,注重培养学生的自主探究精神和合作精神,形成师生平等的课堂;通过情境设置并辅助以多媒体动态展示,激发了学生的学习兴趣,丰富了课堂的教学内容,较好地实现了教学目标。

但是,本框知识点繁多,且学生个体具有差异性,因此,在实际的教学过程中,我的教学预设和最后的生成可能会存在出入,我会根据学生在课堂中的反应情况和对知识点的理解状况,作出调整以配合学生的步调进行教学。

我的说课到此结束,敬请各位评委批评指正。

【点评】从总体上说,这是一篇比较成功地说课稿:

第一,体现了一个“新”字,具有创新性。本说课稿的“新”主要表现在理念新、方法新和材料新三个方面。

首先,理念新。作者在设计教学内容时,遵循了新课程的教学理念,确保了学生的主体地位,较好地实现了主导和主体的有机统一、预设和生成的有机结合。

其次,方法新。根据教学内容的特点和高一学生的实际,作者创设情境、提供案例,对抽象的教学内容进行情境化设计、生活化设计、问题化设计,能较好地实现教学目标。

最后,材料新。作者提供的材料无论是时间还是空间,都是离学生最近的材料,如本次说课之前,适逢苹果公司总裁乔布斯去世,作者即选用苹果公司的发展史作为导入新课的材料,这样的材料最容易被学生接受。

第二,体现了一个"全"字,具有完整性。本说课稿的"全"主要体现在说课的内容全、学情分析全、目标设计全。作者从学情、教材、教法学法、教学过程、板书设计、教学反思六个方面来进行说课,基本囊括了说课的各个方面内容,对于各个方面内容,作者不仅说清楚了是什么,而且说清楚了为什么;对学情的分析既分析了有利的一面,又分析了不利的一面;根据教学内容和学情,从知识,能力,情感、态度与价值观三个维度来设计教学目标。

第三,体现了一个"实"字,具有实效性。无论是对学情的分析、教学目标的认定,还是对重点的突出和难点的突破,作者都不是泛泛而谈,而是落实到了实处,提高了说课稿在操作上的可行性和实效性。

本框题内容知识点多,且比较抽象,而学生又缺乏相应的背景知识,作者通过设置情境、提供案例,化抽象为具体,能较好地实现教学目标。然而,情境、案例太多,将会占有较多的教学时间,这也是本说课稿的不足之处,如果作者能用一个案例贯穿于课堂教学的始终,则会为课堂教学添色不少。

思考题

1. 教师设计课时教学目标要注意哪些基本问题?

2. 教师在选择教学方法时要考虑哪些因素?

3. 新课程背景下,典型的思想政治(品德)新授课教学过程包括哪些基本环节?

4. 何为说课?说课时要"说"哪些方面的内容?要注意哪些问题?

参考文献

[1] 邝丽湛.思想政治(品德)课教学模式[M].广州:广东高等教育出版社,2006.

[2] 思想政治课程标准研制组.普通高中思想政治课程标准(实验)解读[M].北京:人民教育出版社,2005.

[3] 谢树平,李宏亮,胡文瑞.新编思想政治(品德)教学论[M].上海:华东师范大学出版社,2006.

[4] 张奇才.思想政治(品德)教学论[M].合肥:安徽人民出版社,2007.

[5] 钟启泉,崔允漷.新课程的理念与创新——师范生读本[M].北京:高等教育出版社,2003.

[6] 钟启泉,崔允漷,张华.为了中华民族的复兴 为了每位学生的发展〈基础教育课程改革纲要(试行)〉解读[M]上海:华东师范大学出版社,2001.

拓展阅读文献

[1] 黄蓉生.中学政治课教学研究[M].北京:高等教育出版社 ,2001.

[2] 任长松.探究式学习——学生知识的自主建构[M].北京:教育科学出版社,2005.

[3] 王淑珍.高中思想政治课程标准教师读本[M].武汉:华中师范大学出版社,2005.

[4] 朱慕菊.走进新课程:与课程实施者对话[M].北京:北京师范大学出版社,2002.

[5] 周成平.新课程名师教学100条建议[M].合肥:中国科学技术大学出版社,2005.

第四章　灵活运用教法学法

——思想政治(品德)高效课堂构建的有力保障

灵活运用教法学法,是构建思想政治(品德)高效课堂的有力保障。教学有法,但无定法,贵在得法。思想政治(品德)教师要考虑各种因素,灵活选取教学方法实现教学目标。案例教学法、活动教学法、体验式教学法、情境教学法等都是新课程背景下思想政治课行之有效的教学方法。在运用好教法的同时,教师还要引导学生转变学习方式,坚持自主学习、合作学习、探究学习等新的学习理念。

第一节　教法的灵活运用

一、思想政治(品德)课各类教学方法的功能和使用条件

由于思想政治(品德)课的任何教学目标的实现都离不开明理、促信、导行和组织、激励与检查,因此,我们可以首先根据本课程对教学方法的功能要求,对现有教学方法进行归类;然后对每一大类的教学方法进行划分,再在此基础上对不同种类的教学方法的功能和适用条件进行研究。

(一)组织进行认识与实践活动的明理导行方法

从生动的直观到抽象的思维,从感性认识到理性认识,再由抽象上升到具体,由认识回归到实践,这是辩证唯物主义认识论的基本原理,也是思想政治(品德)课组织学生进行认识活动的程序和方法特点。该类方法可以划分为以下几种:

1. 直观传递信息和视觉感知信息的方法(直观演示法)

它是指教师向学生展示实物、图表或教具,给学生印证或阐明理论知

识的一种教学方法。它包括:

(1)现场实物直观演示法。如运用各种历史遗物、文物、标本等具体实在的东西进行演示,组织学生参观访问、社会调查,让学生直接感知具体实物、现场场景等。

(2)形象性直观教具演示。即运用幻灯、影视、录像、照片、图片、图画、模型、多媒体课件等,将生动的事物和事件形象地展示给学生。

(3)象征性直观教具演示。即通过图表、图示、图解来反映教学内容的内在联系和本质属性的直观方法。

直观演示法的最大特点是直观性。它能使抽象的概念、原理具体化,把它们的本质特征、典型属性通过具体生动的形象显示出来,使学生用多种感官去感知,去认识,去理解,并有利于培养学生的观察力、感悟力和分析综合能力,还有利于调节和集中学生的注意力,激发学生的学习兴趣和情感。

运用直观演示法要注意:在演示前要让学生明确演示的目的,使学生能够集中注意力。教师应对演示的对象给予必要的说明,提醒学生应该观察的内容,并安排好演示的顺序;在演示中教师要配以必要的语言教学。

2. 口头传递信息和听觉感知信息的方法(口述法)

它包括:

(1)讲述法。即运用生动形象的语言叙述事实经过,阐明某种理论观点、概念或描绘人物事件情节的方法。讲述法主要用于叙述事件经过、描绘人物和课堂举例。其特点是叙述方式生动、形象。运用讲述法教师要注意:对事物的发展过程、历史事件、典型材料的叙述,要条理清晰,叙述完整,层次分明;叙述要紧扣中心,典型材料介绍要突出重点;叙述语言要绘声绘色,节奏有快有慢,感情有起有伏,声情并茂,情理交融;讲述的时间不能太长,因为它不易维持学生的注意力。

(2)讲解法。即教师用清楚、明白、确切的语言,运用恰当的材料和浅显的道理来说明、分析、论证概念和原理的方法。其特点是选择恰当的事例,运用浅显的道理,对概念和原理逐层地分析、说明、解释、综合和论证,帮助学生从感性到理性地准确理解和掌握概念和原理。它主要适用于中学各个年级的概念和原理的教学。教师在运用讲解法时要注意:论点要明确,讲解要紧扣观点;论据要充分,材料要丰富,不能以偏概全;论证要合乎逻辑,循序渐进,层层深入;语言要精确,要有感染力。

(3)讲读法。即讲与读相结合的方法。其特点是有讲有读,讲读结合,有利于调节学生的注意力,活跃课堂气氛,促使学生重视教材,培养学生看书思考的习惯和能力。它主要适合中学低年级的关键性、结论性的内容的教学。

(4)讲演法。它是教师对某些涉及范围较广、深度较大的问题系统地阐述和论证的方法。其特点是理论分析比重较大,运用资料多,涉及面广,具有相当深度,需要时间也较长,有利于学生完整系统地掌握某一专题方面的知识,培养学生分析问题、说明问题、解决问题的能力和逻辑思维能力。它主要适合于高年级的专题讲座或综合复习。教师运用讲演法时要注意:对教材要融会贯通,主次详略安排得当;主题明确,观点明朗,理论分析有理,联系实际有据,具有吸引力和说服力;语言表达能力强,口齿清楚,生动形象,充分借助手势和体态语言,抑扬顿挫,以言传情,以讲激情;要高度重视板书的功能。

(5)谈话法。即围绕某一课题,通过教师或学生的提问和师生的平等对话,引导学生获得正确认识,达到教学目的的方法。其特点在于,它不是由教师独自讲授,而是由师生之间的平等对话来组织教学,实现教学目标的。其优点是有利于把教师的主导作用和学生的主体地位结合起来,有利于激发学生的积极性,启发学生思维,训练学生的逻辑思维能力、语言表达能力。其局限性在于谈话容易离散而无系统性或脱离中心,花费时间较多,对教师的要求比较高。它适合中学各个年级教学,尤其是初中教学。教师运用谈话法时要注意:谈话必须有目的、有计划地进行,要以某个问题为中心;提出的问题要有启发性,要从学生的实际水平出发,难易适度。

(6)讨论法。即教师在教学中引导学生围绕某个问题进行讨论、辩论的方法。其特点是让学生在课堂教学中各抒己见,让各种思想直接交锋,使学生相互启发,在比较中鉴别观点,提高思想认识。与谈话法相比,它不仅有师生之间的交流,而且有学生之间的交流。采用讨论法需要学生具备一定的心理基础和智能水平,因此,讨论法主要用于高中教学。但是在初中课堂教学中,教师也可以组织一些短时间的小组讨论。运用讨论法教师要注意:讨论前要做好讨论的准备工作,出好讨论题,讨论题要有针对性、明确性和新颖性;讨论中教师要加强引导和控制;讨论后要做好总结工作。

简而言之,口述法主要是由讲授法和讨论法两种基本方法构成的。前者包括讲述、讲解、讲读和讲演四种方法。其师生的相互作用方式是教师讲学生听,即教师通过语言来叙述、讲解教学内容,学生通过聆听、识记和领会,感知、理解和掌握教学内容。优点是有利于教师发挥主导作用,操作简便,可以在较短的时间内将大量的知识系统地传授给学生。缺点是不易发挥学生的主动性、自觉性,不利于学生创造能力和实践能力的培养。后者包括谈话法和讨论法。其特点是学生以平等的主体身份直接参与教学活动,教学活动由师生之间、学生之间的平等交流、交往活动构成,有利于主导和主体、集体教学与小组教学和个别教学相结合。缺点是时间不太经济,操作难度较大,对教师和学生的要求都比较高。

3. 通过实践活动来传递和感知信息的方法(实践活动法)

它包括道德践行活动、生活交往活动、劳动、角色模拟活动等社会实践方法。实践活动法不仅可以给学生提供各种各样的真实或模拟的道德情境和道德冲突,把抽象的原理和规范以具体的方式呈现出来,而且可以培养学生运用所学理论观察问题、分析问题、解决问题的技能,加深学生的道德认识,增强学生的情感体验,发展学生的道德情境的自主判断能力、自觉参与意识和道德行为技能。

4. 逻辑认知方法

该方法主要包括:

(1)归纳和演绎。归纳是从个别中认识一般的方法。在思想政治(品德)课教学中,经常使用的归纳法主要有两种:通过揭示每一个个别事物或现象中包含着的一般特性来归纳,一般毫无例外地为每一个个别所具有;另一种是通过对客观事物发展过程的不同发展阶段的特殊矛盾运动的认识,来归纳出对这一事物的本质属性的认识。在这种情况下,事物各个发展阶段的特殊矛盾就是个别,贯穿了事物整个发展过程的共同本质就是一般。演绎正好相反,它是从一般到个别的推理方法,即先讲一般的概念和原理是什么,再引导学生运用这个一般的概念和原理去考察各个不同的具体事物,从而推演出有关某个事物的结论。

(2)分析和综合。分析就是把认识对象的整体分解为各个部分、各个方面、各个层次、各个阶段和各个属性,逐一加以认识的方法。综合是在分析的基础上,把事物的各个部分、方面、层次、阶段和属性的认识有机联系起来加以考察,从总体上把握事物本质和发展规律的方法。分析和综合密不可分。思想政治(品德)课教学必须将两者结合起来,在分析的基础上综合,在综合的指导下分析,使分析和综合互相促进,推动认识的深化和发展。

(3)比较。即将具有矛盾、对立关系的两个事物做性质比较,或者将具有相似、相同性质的两个事物做量的比较。通过比较,使事物的性质和量的特征突出地表现出来,从而可以更精确地认识该事物。

(4)逻辑和历史的统一。所谓逻辑的方法,是撇开发展的曲折过程和偶然因素对事物进行研究的方法;所谓历史的方法,就是从历史的自然过程去研究事物的方法。

以上逻辑方法既可以单独使用,也可以综合使用。根据中学生的认知规律,思想政治(品德)课概念、原理教学大多综合使用,并遵循以下顺序:运用归纳法帮助学生形成概念和原理——运用分析和综合相结合的方法帮助学生理解概念和原理——运用比较法帮助学生弄清相近、相似及相关概念原理的区别和联系——运用论证手段充分证明概念原理的科学性,消除学生的思想疑虑——运用推理使学生所学的概念原理系统化、深刻化——有针对性地释疑解难,解决认识上的障碍和思想上的问题——在应用中加深对概念原理的理解,培养学生分析问题和解决问题的综合实践能力和创新能力,提高学生的思想认识。

(二)激发和形成学习动力、培养学生情感的方法

这类方法的主要功能在于激发学生的学习动力,培养学生的学习兴趣,陶冶学生的情感。

思想政治(品德)课教学不仅是一种认识活动,而且是一种情感活动,

它本质上是一个促进学生思想品德以及知、情、信、意、行协调发展的矛盾运动转化的过程。情感不仅是思想政治(品德)课的培养目标,而且是学生感知、理解、接受马克思主义基本原理和基本观点的动力系统,同时,也是实现知识转化为能力、内化为信念、外化为行为的转换器和催化剂。思想政治教学的实践也证明,“动之以情,晓之以理”是思想政治(品德)课教学的最有效的方法。充分、合理、有效地调动和发挥情感的功能,陶冶学生的情感,不仅可以使学生对事物的认识更加丰富,加速所学知识和观点的转化,促进信念的形成,而且可以使学生形成健康的心理,从而优质高效地完成思想政治(品德)课教学任务。反之,就会抑制学生的学习活动,甚至产生消极对抗情绪,使教学要求得不到内化,无法实现思想政治(品德)课教学目标。为此,思想政治(品德)课必须坚决废弃抽象、空洞的说教型灌输式教学,代之以注意激发学生内在学习动机和情绪的情感教学。根据教学认识活动的非智力动力系统的动力种类和来源,这类教学方法可以划分为三种:一是激发和形成学习兴趣的方法;二是激发认识情感和振奋学习精神,控制和调节学习活动节奏的方法;三是激发和形成学习义务和责任感的方法。其中激发和形成学习兴趣的方法包括下列内容:

(1)改革思想政治(品德)课教学内容,提高思想政治(品德)课的使用价值,使之最大限度地满足学生和社会发展的需要,使学生真正学有所用;

(2)坚决贯彻理论联系实际和直观性原则,使教学内容生动直观,呈现方式新颖独特,贴近生活,贴近中学生实际,增强教学内容的刺激性和吸引力;

(3)建立良好的师生关系,运用情感的迁移功能,改变学生的认知倾向,将学生对教师的积极情感迁移到教师所教的内容上去;

(4)改革课堂教学结构,保证学生的主体地位,实现学生对教学最大限度的参与;

(5)运用情感的感染功能,加强情感交流,以情激情,以情育情;

(6)在教学中创造“问题情境”,使教学变成一个设疑、激疑、解疑的过程,启发学生思维,培养学习兴趣;

(7)运用情感的强化功能和动力功能,引导和帮助学生在学习上获得成功,得到积极的情感体验,老师要及时加以表扬和鼓励。

(三)检查与评价学习认识活动的方法

根据控制论原理,对教学过程的调控是通过教学反馈来实现的。教学中有多种多样的反馈形式,但最主要的是对教学过程和效果的检查和评价。检查和评价学习认识活动的主要方法有:口头检查与评价,如课堂提问、各种形式的口试;书面检查与评价,如书面作业、各种形式的笔试;综合能力测试和研究性学习评价;实践操作和思想品德行为表现的检查与评价等。

二、新课程倡导的教学方法及操作要领

(一)案例教学法

1. 案例教学的含义和功能

案例教学是根据一定的教学目的,选择带有启发性的典型实例,在一定的情境中,通过教师和学生共同对案例的分析、讨论、评价、寻找对策等工作,让学生去理解和掌握理论知识,提高能力和综合素质的一种教学方法。

在思想政治(品德)课教学中,案例教学法的运用,对于坚持和贯彻理论联系实际的教学原则,突出思想政治(品德)课教学的实践特色,培养和提高学生分析和解决实际问题的能力,推动思想政治课教学改革,实现新课标提出的“引导学生在范例分析中展示观点,在价值冲突中识别观点,在比较鉴别中确认观点”的目标和要求具有重要意义。

(1)案例教学的着眼点不仅在于通过案例分析获得蕴涵其中的那些已形成的原理和方法,还在于能提高和发展学生的创造能力以及解决实际问题的能力。在具体实施中,往往是从具体上升到抽象,即通过对具体案例的分析研究来探寻带有普遍指导意义的内在规律,从中推导出一般的原理、理论。所以案例教学比较生动形象,有助于学习的进一步深化。更重要的是,通过案例教学获得的知识是内化了的知识,是有着真实背景的知识,而不是抽象的、过度概括化的生硬知识。

(2)案例教学能为学生提供一个良好、宽松的学习环境。这样的环境可以使学生触景生情,增强角色体验,以主动参与学习活动,并通过反复的练习,形成一定的学习能力。

(3)案例教学法要求教师在教学过程中鼓励学生自由探索、大胆质疑,及时提出自己的看法和见解,充分尊重学生的意见和好奇心。尤其是对问题的分析、解决,不惟答案,只要学生分析得有道理,即使与原方案相违背,也应该予以肯定。因此,案例教学是一种民主的教学方法,它有助于培养出有创新意识、创新精神和创新能力的人才。

(4)案例教学通过把一些真实的典型问题展现在学生面前,为他们提供了接触并处理各种各样实际问题的机会,大大缩短了教学情景与实际生活情境的差距。学生在分析案例的同时,一方面不断形成新的理论视野,增长案例分析的技巧,另一方面能促使学生由理论向实际的转化,真正达到理论与实践的结合。

2. 案例教学的操作要领

案例教学的操作主要包括三个基本环节:

第一,收集和编写案例,这是实施案例教学的前提。没有案例,案例教学无从谈起;没有好的案例,便不能达到预期效果。在案例教学中,首先要做的不是匆匆忙忙地去选择若干案例,而是要依照不同年级政治课不同的教学内容和教学目的,相应选编出经济学、政治学、哲学、法学、师德等案例,设计成文字、图表形式或模拟实际情境。在选编的过程中要遵循案例的特点:案例是现实问题的缩影,案例发生的时间、地点、具体情节及过程交代要清楚,较少包含分析和解释;案例具有时效性,每个案例都要跟上时代的要求和反映当前的形势和热点,要贴近学生,具有其自身的应用价值、理论价值及较强的借鉴意义;案例具有典型性、完整性,既可以反映某些原理与规律,又可为多层面、全方位分析提供可能,并能容纳多种解释。

第二,教师进行具体案例教学,这是实施案例教学的关键。首先,布置与案例密切相关的阅读材料,包括原理、原则等理论框架。其次,给出案例的具体内容和关键性的论题,即呈现案例。呈现案例的方式多种多样,可以是印发政治文案、教师描述、模拟再现实际情景、学生小品表演、电教手段展现等,以此激发起学生的好奇心和求知欲。教师要帮助学生尽快进入案例情境,了解、掌握案例中揭示的有关事实,指导学生对指定学习的案例材料进行阅读,分析案例的具体内容,思考案例中蕴涵的问题。再次,分析和讨论案例。案例教学最常用的是讨论法,而组织好案例讨论是案例教学的中心环节。讨论的形式可采用个人准备、小组作业、小组讨论、班级讨论、集体辩论等。在这个过程中,学生不是旁观者而是参与者、行动者,他有对案例做出透彻分析的责任,他必须与其他同学进行交流,他的角色将会依自己对案例的分析而改动、依对其他同学的分析的评论而变迁。教师主要是启发疏导、组织调控、创设民主和谐的教学氛围,促使学生在宽松、民主的状态下,运用相关的政治理论,大胆进行思考,积极参与交流和研讨,保证讨论沿预期的轨道进行。最后,总结评述,即对学生的讨论意见进行汇总、评价。这是案例教学的最后环节,一般由教师来完成。教师要对案例讨论作出评价,指明其中的关键性问题,并用它来考察新的案例,为后续教学打好基础;也可以指出学生在分析、研究、讨论案例时取得的成绩和存在的不足,进行弥补性、提高性讲解;还可以提出一些发人深省的问题,启发鼓励学生调整视角,进行深入而广泛的思考,提升学生的思维品质。

第三,反馈和提高。教师针对案例布置作业,让学生写出简单的分析和总结。比如要求学生写一个案例学习报告,对自己在案例阅读、分析、讨论中得到的收获、存在的问题等加以总结,并通过反思进一步加深对案例的认识。

3. 教师进行案例教学应注意的问题

(1)选用案例要做到“新、近、真、精”。“新”就是注意案例选用的时代性原则。选用案例时,教师要积极选用富有时代气息的材料,这样才能够启迪学生关心当今社会的重大现实问题,也才能引起学生的学习兴趣。

“近”就是注意案例选用贴近学生生活的原则。案例要来源于社会生活,关注学生生活,贴近学生生活,与学生的经验具有相通性。这是教育回归生活的内在要求。

“真”就是注意案例选用的真实性原则。唯有真实,案例才具有可靠性和可信性,由此引起的思考和启示才具有教育意义。如果是虚构的案例,哪怕情节再生动,表面给人的震动很大,引发的教育意义也比较深刻,但是,学生一旦知道这是教师虚构的,就会产生很大的负面效果,使思想政治(品德)教育失信、失效。

"精"就是注意案例选用的典型性原则。案例要蕴涵教材内容之理,能够反映同类事物的共同本质特征,体现观点和材料的有机统一。凡是与教学内容联系不多的,哪怕再生动都不能采用;与教学内容有联系的,教师要进行比较,选择最有代表性、典型性的案例。

(2)运用案例要"讲究时机"。什么时候运用案例,要讲究教学艺术。能否抓住有利时机运用案例,是案例教学能否取得成功的重要环节。一般来说,在以下环节可以运用案例:

课的开头和结尾。课的开头如果能以案例引入,就会使学生很快进入学习角色,而且案例引出的问题可以激活学生的思维,为后面的教学打下基础。课的结尾展示案例,可以起到承上启下的作用,为后面的课做好铺垫。

教学内容的重点和难点。这里说的重点和难点,既可以是知识方面的,也可以是思想教育方面的。对于教材中的重点和难点,教师空洞的说教对教学没有任何意义,学生也没有学习的兴趣,也不会配合教师进行重点和难点的教学。如果教师选择一些合适的案例,激发学生的学习兴趣,使学生参与到教学过程中来,则有利于突出重点、突破难点。

(3)使用案例要"恰到好处"。能否恰当地运用案例进行教学,是思想政治(品德)课案例教学成功的关键。如何才能恰到好处?教师要注意以下几个方面:

案例使用后产生的效果。案例的教育效果有积极和消极两个方面,同一个案例,对不同的学生可能有不同的教育意义。因此,教师在使用案例教学时,特别是有些案例的双重作用比较明显时,要注意思考学生从中会受到什么教育的问题。

案例的趣味性、生动性和思想性、教育性的关系。我们要反对只强调案例的趣味性和生动性,不顾思想性和教育性的倾向。反之,也不能只强调案例的思想性和教育性,而忽视生动性和趣味性。好的案例应该是两方面的有机统一。

实现"案"与"理"的结合,即"理"在"案"中,"案"中有"理"。案例内容和教学的知识点要有机结合,不能“案”是“案”,“理”是“理”,把二者截然分开。

案例教学的作用无疑是巨大的,但也有一定的局限性,它只能作为教学的一种形式,在合适的教学情境中进行,切不可用案例教学来代替其他一切教学方法;案例教学对教师驾驭课堂能力要求比较高,要求教师能及时调整学生讨论问题的方向,并能在学生的各种创新意识中,游刃有余地引导学生的发散性思维,激发学生学习的积极性;案例教学效率有时比较低,它必须以学生的积极参与为前提,以教师的有效组织为保证,课程设置的时间往往难以保证学生对问题探究的深入。既要深入有效地组织好讨论,又不占有大量的学习时间,常常是个两难的问题。

(二)活动教学法

1. 活动教学的含义和价值取向

《全日制义务教育思想品德课程标准(实验稿)》和《普通高中思想政治课程标准(实验)》区别于以前的教学大纲一个最显著的特点是,它们突出了活动在教学中的地位和作用,即每个模块的内容标准后面,都设置了相应的活动建议。思想品德课程标准规定,初中至少要有20%的时间用于开展学生课堂活动和相关实践活动,并强调要增加课堂教学中学生活动的成分,有计划地组织社会实践活动。《普通高中思想政治课程标准(实验)》强调,“本课程要引领学生在认识社会、适应社会、融入社会的实践活动中,感受经济、政治、文化各个领域应用知识的价值和理性思考的意义”。因此,必须加强思想政治(品德)课的活动教学研究。

所谓活动教学,是指以具有教育性、社会性、实践性、创造性的学生主体活动为主要形式,以激励学生主动参与、主动实践、主动思考、主动探索、主动创造为基本特征,以实现学生多方面能力综合发展为核心,以促进学生整体素质全面提高为目的的新型教学方法。活动教学意义上的“活动”,强调的是学生积极参与的、观念与行动相统一的、充满改造和创造精神的、能满足学生多方面发展需要的整体的、多样的活动。在表现形式上,虽然这种活动既包括内在的观念和心理活动,也包括外在的实践操作活动,但相对于传统教学中习惯于静听静观的传授式教学活动来讲,主体性活动更强调加大在操作实践活动、探究发现活动、合作交往活动等外显主体实践活动方面的改革与探索力度。具体来说,它以角色扮演、模拟活动、小品表演、竞赛活动、学生论坛、公众访谈、社会咨询、人际交往活动、社会调查活动、社会实践活动、专题研究活动等为主要表现形式。

作为一种新的教学方法,活动教学在理念上集中体现了以下新的价值取向:

第一,活动教学体现了新的生命价值观——生命在活动中丰富。长期以来,学生在学校和课堂上仅仅表现为一个学习知识的人,而不是一个具有完整精神世界和独特个性的生活着的、具有鲜活生命特征和灵性的人。活动教学认为,活动是生命发展的载体,生命的发展必须在活动中实现。越是多样的活动,越能使学生享受到丰富的生命体验。活动,使生命获得了最大限度的发展。

第二,活动教学体现了新的课堂教学观——课堂在活动中生动。活动教学要改变和改造的正是课堂,要使课堂教学过程成为一个动态生成的,师生共同学习和建构对世界、对他人、对自己的态度和认识、生命共同发展的,富有个性的创造过程,使课堂因此而充满智慧和创造,充满学习的快乐,充满生命的活力。而正是以主体实践活动为基础的活动教学为这种生动课堂场景的实现提供了现实的途径。

第三,活动教学体现了新的发展观——学生在活动中发展。活动教学鲜明地提出"以活动促发展"的基本指导思想,将学生的活动与学生的发展紧密联系起来,认为活动是人生存和发展的基础,学生的发展是通过主体实践活动主动实现的,强调活动在学生认识、情感和个性行为发展中的重要作用。

第四,活动教学体现了新的教师观——教师在活动中成长。活动同为师生生命发展的载体,学生在活动中体验成长与幸福的过程,教师也在其中体验自身变化与进步,强化教育信念,创造新的人生价值,获得专业化快速发展。在这个过程中,教师成为了与学生共同探求新知、共享认识成果的"成长共同体"。

第五,活动教学体现了新的课程观——课程在活动中回归。正是活动,建立起了书本世界通向现实世界的桥梁。学生亲身参与探索和体验活动,才使书本世界的抽象知识和结论活化,并内化为自己的观念,知识才真正具有了价值和意义;学生在活动过程和所熟悉的现实生活中所获得的个人知识、直接经验、亲身感受,又构成其不可或缺的课程资源。

2. 活动教学操作要领

目前,思想政治(品德)课活动教学主要采用“活动—发现—发展”的策略,活动的程序一般经历如下几个阶段:活动准备——活动开始——活动发展——活动升华——活动评价。基本操作如下:

(1)设置先行组织者。所谓先行组织者,就是先于学习内容呈现的一个引导性材料。设置相应的先行组织者,主要是使学生在进行有意义的学习新内容之前,在他们“已经知道的”与“需要知道的”知识之间架起一座桥梁。具体步骤是:教师设计问题——学生收集材料——学生整理材料——做好活动准备。例如,在学习“价值规律”之前,让学生利用课余时间先去了解几种商品价格的变化,根据价格的变化引发学生对其变化原因的探究,从而为价值规律的学习做好铺垫。设置先行组织者可以激活学生原有的知识或调动学习兴趣,同时又给学生提出了思考的方向,目标相对明确,可以有效地提高课堂教学效果。

(2)创境激趣。思想政治(品德)课的最主要目标是对学生进行思想政治(品德)教育,而正确思想形成的行之有效的方法是陶冶教育法。即通过情境的创设,发挥种种教育诱因的作用,使学生在潜移默化中受到教育影响。在本阶段,教师先根据学生实际的需要和认知能力,选择与学生生活贴近的材料,创设出与教学内容相关的情境,如小品等。通过情境创设,一方面渲染气氛吸引学生的注意力,激发学生的探索欲望,另一方面也使学生通过参与体验,获得感性认识。具体步骤是:教师创设情境——学生积极参与——增强体验,激起兴趣。例如,在学习“树立正确的消费观”时,教师可以采用小品作为活动背景,由学生自愿参与表演反映从众心理、求异心理等消费心理(课前做好准备)的消费行为。通过表演创设一个消费情境,使其他人从表演中能指出不同行为所属的消费心理。

(3)引思、探索、发现。在学生产生兴趣、提出问题以后,教师要进一步启发引导,使学生主动探索问题的原因所在,挖掘出知识的内在联系,进行知识的意义建构,努力尝试解决问题。具体步骤是:教师创设情境

——学生发现、提出问题——教师启发引思——学生探索求解。例如,在学习“树立正确的消费观”时,在由小品激起学生学习兴趣的基础上,进一步设计适宜的问题情境和探索方案,鼓励学生从事发现的活动,主动探索,大胆提出新问题,并在教师的指导下对原有的知识结构进行重组,以求获得新知识。接着,教师提出问题:“这些消费心理在同学们的日常生活中还有哪些表现?你自己曾有过哪些消费心理?这样的消费心理好不好?说说你们的看法”等,学生根据生活中所听、所看、所感畅所欲言,从而引发学生继续探索相关知识。在此基础上再提出解决的办法,这样就引入了所要学习的中心内容——树立正确的消费观。

(4)协作交流。通过协作小组的集体活动,激发学生严谨的学习态度,使学生感受到与他人合作的愉快,培养学生的协作精神;小组成员通过协作、讨论、交流,提高人际交往的能力,培养民主精神,完善个性发展。具体步骤是:教师指导学生分组——学生讨论、协商——组内修正、完善观点。教师指导学生分组协作(一般是4至6人为一组),共同讨论研究问题;教师要旁听学生讨论,适当提出疑问诱导学生进一步思考;学生进行辩论、交流,寻求解决问题的方法,不断完善自己的观点。

(5)评价总结。在这个环节,各个小组将自己的观点进行讨论、交流,学生共同对其进行评价,最后,教师对学生的观点进行总结,并公正合理地对学生的表现进行评价(包括肯定学习热情、研究态度、协作精神、自我评价意识以及指出不足等)。具体操作是:各组学生交流观点、教师聆听——学生共同讨论、归纳、评价——教师总结评价。

(三)体验式教学

1. 体验式教学的含义和特征

体验式教学是指在教学中教师积极创设各种情景,引导学生由被动到主动、由依赖到自主、由接受性到创造性地对教育情景进行体验,并且在体验中学会避免、战胜和转化消极的情感和错误认识,发展、享受和利用积极的情感与正确的认识,使学生充分感受蕴藏于这种教学活动中的欢乐与愉悦,从而达到促进学生自主发展的目的。

体验式教学是一种以人的生命发展为依归的教学,它关注学生认知过程而不仅仅是认知结果,关注教学通过何种方式让学生掌握知识。它注重体验的本体性、亲历性、情感性、整体性、生成性、自主性和个体性。体验式教学理论认为,如果教学只是让学生认真听讲、快速记住现成的结论,而不经过学生趣味盎然的尝试,不经过理智的挑战和思维的碰撞,不经过多次质疑、自主选择、独立判断,不经历痛苦、茫然、失望、喜悦、满足等种种情感变化,没有对大千世界的独特感受和发自内心深处的真切体验,那么就很难说学生真正掌握了知识、发展了能力,他们的情感、态度与价值观的形成更无从谈起。因此,对人的关注是体验教学的核心所在。

体验式教学不仅是理解知识的需要,更是激发学生生命活力、促进学生成长的需要。为此,新课程提出了体验性目标,强调"观察"、"实验"、"探究"、"调查"、"实践"、"模拟制作"及"设计"等活动,而且强调学生的直接经验,鼓励学生对教科书的自我解读、自我理解,尊重学生的个人感受和独特见解。

体验式教学具有如下特点:

首先,体验式教学强调亲历。体验有亲验和想验两种形式。亲验是主体亲自置身于一定的关系世界和生活情境之中,经历或经受感动而获得的切身体验;想验是主体在积累了一定的亲身阅历和感受的基础上,借助所遇情境、他人的表达和自己的想象去领悟表达者生活阅历、生存状态及其人生意义。这两种形式都离不开亲历,亲历性是体验的基本特征。

其次,体验式教学重视感受。体验对事物的认识和把握,不是靠理性分析和逻辑推理,而是用感官和心灵直接去感受和领悟。感受是体验的基本形式和内容,贯穿于体验的全过程。强化感受是体验式教学的基本原则。

再次,体验式教学重视直觉。体验式教学中,主体是以亲历、想象、移情将自身融入认识对象之中,用心灵去感受、去领悟;他对事物的认识不经过分析和推理。体验式教学运用的思维主要是一种直观性、猜测性、灵感性和整体性的思维。

最后,体验式教学强调意会。无论是体验的认识对象,还是体验的认识结果,其内容都是情感、价值、习惯、信念等隐性知识。这种知识是个人化的,与认识个体难以分离,无法用语言、文字或符号等方式进行系统表达和传递,只能意会。因此,体验式教学非常强调意会。

2. 体验生成的心理过程和体验式教学的操作过程

(1)体验生成的心理过程。体验是人的一种复杂的、特殊的心理活动,也是一个逐步生成的心理过程。同时,体验也受外在环境因素的影响。主体的体验过程一般是从对事物的亲身感受开始的,在感受的基础上形成情感反应,加深对事物的理解并产生丰富联想,进而对事物产生领悟和生成意义,而领悟和意义反过来又加深情感反应。

体验的生成遵循着“感受产生情感——情感促进理解与联想——在理解与联想中产生领悟并生成意义——领悟和意义深化情感反应”这样一个过程。首先,“感受产生情感”,即体验所运用的是一种情感化的语言,情感的形成则取决于人的感受的积累和感受性的发展;在亲身感受中,主体可以运用多种感官接触事物,形成真实、鲜活的印象和感受,进而产生情感。其次,“情感促进理解与联想”,即情感可以引起人的心理波动。比如,积极的情感能驱动主体对客体进行深入的理解;同时,在积极的情感状态下人的心理活动较为活跃,可以产生新的想象和联想。再次,“在理解与联想中产生领悟并生成意义”,即在对事物进行深刻理解和产生丰富想象后,主体会对其进行取舍以形成与自身相关联的独特的意义,使之个人化、生命化。最后,“领悟和意义深化情感反应”,即由感受产生的情感可以促进理解和联想,而领悟和意义的生成反过来又可以深化由感受产生的情感,使之更深刻、更丰富。在体验过程中,情感的产生和意义的生成是相互促进的。

(2)体验式教学的操作过程。根据体验生成的心理过程,我们认为体验式教学的操作过程如下:

第一,把握学生生活和社会热点,挖掘生命体验冲动的来源。

第二,引发体验,强化感受。即采用各种方法诱发、唤醒和激活学生与教学内容相关的体验,以强化学生的感受,使其带着强烈的感受参与教学。

第三,催化交流和分享,丰富和完善体验。体验是个人的,它虽然生动具体,富有个性,但是带有主观性和狭隘性,因此需要通过催化交流和分享来克服这一局限,丰富和完善个人体验。

第四,引导反思,深化体验。即利用问题引导学生对其所获得的感受、感悟进行积极的思考和探究,以引导学生对新获得的体验进行深入分析,从具体的情境及对策中总结出一般规律和方法,掌握同类情境的合理反应规则和应对措施,使学生今后具有应对同类情境的反应能力,并促使学生人性的完善。

第五,延伸应用,升华体验。即通过回归生活,进一步促进隐性经验显性化、显性经验隐性化,使在深化体验中获得的规律、方法、技术和情感、价值等在抽象—具体和显性—隐性相互转化中,其本质内容和核心成分更加突出,原则的理念化、操作化程度更高,灵活性和创造性更强,逐步升华为学生的态度、品质、信念、创新精神,以及人格个性、特长技能、实践能力等素质。

3. 实施体验式教学教师要注意的几个问题

第一,发展学生的主体性。体验的对象不同于认知的对象,不是单纯的客体,而是体验主体对于自己参与的某一过程或身临的某一情境所建构的意义和联系。事实上,主体只会对与自己有关系或具有意义的事物产生体验。体验是主体把自身当做客体,从而获得关于客体的感情信息的一种感知方式。体验是自我的,旁人无法代替,体验自身的这种特性决定了学生主体地位的重要性。关注学生体验的关键是要发展学生的主体性,引导学生自己去体验。由于受传统的教育教学观念的影响,我们的课堂教学往往忽视学生这一生命主体的存在,视他们为知识的容器,习惯于灌输和说教;在学习过程中,强调学生的死记硬背,忽视学生应有的自我体验,使学生始终处于被动的学习状态之中。发展学生的主体性,关键在于教师要做到以下三点:首先,要敢于舍弃自己的"权威",努力使学生处于主体地位,通过生动活泼的教学形式来调动学生的主动性和能动性;其次,要给每个学生提供体验的机会,使他们都能获得体验;最后,鼓励学生进行创造性体验,促使其不断超越自我,增强创造能力。

第二,注重教学的情境性。体验的对象不是孤立存在的,而是处于一种关系与情境之中,我们不能把体验的对象从周围事物中相对分离出来。体验的形式可以是多样的,但真正的体验取决于教学过程是否生活化,是否具有情境性。教师创设情境的途径是多样的,有角色扮演、小品表演、现场参与、课本剧表演等。

第三,关注教学关系的建构。需要指出的是,体验的对象不只是情感,还可以是学习过程中与人合作的经验、方法以及策略、人与人之间的交往等。其中,教与学的关系是增强学生体验的一个重要因素。教师在课堂教学中尽管为学生设置了一定的活动情境,但并不是所有的学生都能获得丰富的体验。一些体验意识强、体验能力高的学生容易体验到活动的深层意蕴;而那些体验意识弱、体验能力差的学生往往不去体验,也无所体验。因此,教师应有意识地加强师生、生生间的互动与交流。这样的"互动与交流"不只是简单的信息反馈,而是师生、生生在平等的基础上相互敞开自己的心灵。

第四,实施质性评价。体验具有个人性,不同主体会产生不同的体验;人们在表达自己的体验时,使用的是不同的方式和语言。为此,我们切不可以某一种思维方式来确立一个统一的标准以衡量每个人的体验,而要尊重个体差异,尊重个体体验的多样性、差异性和非同一性。有的体验是只可意会而不可言传的,具有缄默的特性,我们也就不能用外显的量化标准来衡量。我们在评价学生的体验时,要采用质性评价的方式。因为体验是一个自我感悟与发现的过程,每种体验都可以使学生的身心和生活发生变化,但它的价值却无法准确衡量。实际上,评价的真正目的在于激励教师为学生提供充分体验的机会,使每一个学生都各有所获。

第五,提高教师自身的语言能力。教师自身的语言能力,是指教师的课堂语言应深刻、形象,富有特色。有的教师在课堂教学中搞一言堂,夸夸其谈,滔滔不绝,学生却充耳不闻;而有的教师的语言形象生动,言简意赅,学生能轻松地明白其中的道理,产生深刻的情感体验。可见,教师能否形成独具特色的语言风格,也是影响学生体验效果的一个重要因素。

第六,注重理性思维的引导。主体的理性思维和直观体验并不是截然分开的,其区分只是相对的。教学中强调"生活体验"、"生活关系"、"情境建构",并不是不重视科学的理性思维。从表面上看,体验似乎是瞬间完成的。实际上,人的体验过程蕴涵着多次思维的冲突、修正和重建。也就是说,主体经过苦苦的思索和反复的琢磨,才获得真切的感受并"豁然开朗"。为避免学生的体验因缺乏理性思维的指导而陷入盲目的冲动之中,有必要对学生进行理性思维的指导。在对学生的体验进行指导时,应注重体验的价值导向,使学生形成自我辨别的能力,以促进其体验朝着积极的方向发展。

(四)情境陶冶教学法

1. 情境陶冶教学的含义和特征

情境陶冶教学是指在教学过程中,教师有目的地引入或创设具有一定感情色彩的、以形象为主体的生动具体的情境,以激发学生对新课学习的欲望和一定的情感体验,使学生带着情感感知具体情境,领悟教材内容,达成陶冶情感、情通理达、激情促信之目的的教学方法。

情境陶冶教学有三个基本特征:一是情境的引入或创设具有明确的目的;二是生动具体的场景是以鲜明的形象为主体的;三是引入和创设的情境具有较强的感情色彩。其中,情境的设计成功与否是该教学方法实施的关键。

2. 情境的功能与设计

情境具有直观性、暗示性,在教学中发挥着引趣、激情,营造亲和心理氛围,创设先行组织者,启发学生潜意识和情感,引发学生想象,潜移默化熏染学生,实现自然导入,诱发学生全身心参与教学活动,并把教学中的认知活动与情感活动、感性认识活动与理性认识活动、有意注意与无意注意、形象思维与抽象思维有机结合起来的功能。

运用情境教学法,教师在设计情境时要注意以下几个问题:

第一,情境应具有蕴理、含情、逼真、多样的特点。蕴理是指情境要蕴涵教材内容之理,要克服为设计情境而设计情境的现象,不能仅留意情境的外形,而忽视情境与教材内容的本质联系。含情是指含有真情实感,不能有境无情。逼真是指寓于情境之中的情理应以与社会生活现象具有神韵相似的生动形式表现出来,使之可以看得到、听得见、摸得着,具有真实感。多样是指情境的形式要新颖多样,符合学生的兴趣、情感、思维特点和变化规律,与学生的生活世界相通,不能只局限于图像情境。此外,像小品、描述特定的场景、讲述动人的故事,甚至利用语言表达的技巧,如语速的快慢、音量的大小、情感的起伏等,都可以产生良好的教学情境。

第二,要依据认识活动的导入、发展、深入、拓展、转换等不同环节的要求,设计不同功能的情境,并保持情境的关联性、连续性、递进性。

第三,情境必须同问题、活动相关联,具有互动性。

3. 情境创设的方式

第一,实物演示情境。即以实物为中心,略设必要的背景,构成一个整体,以演示某一特定情境。

第二,图画展示情境。通过图画,如课本中的插图、漫画、特意绘制的挂图等,可以把课本内容形象化。

第三,音乐渲染情境。音乐可以以它特有的旋律、节奏,把听众带进特定的意境当中。用音乐渲染情境,并不局限于播放现成的歌曲,教师自己的弹奏、轻唱以及学生自己的演唱等都是很好的方式。

第四,活动创设情境。教师指导下的学生的表演活动既可以使教学活动更加生动活泼,使学生进入角色,加深内心的体验,同时,活动的开展本身就是一种特殊的情境,使学生如临其境,达到其他手段不能达到的效果。

第五,语言描绘情境。在情境创设中,教师伴以语言描绘,这对学生的认知活动起着一定的指向作用,提高了感知的效应,情境会更加鲜明。同时,语言也可以单独发挥描绘情境的作用。

第六,讲述故事带入情境。在教学中,教师可以讲述一则与教学内容相关的故事,使学生如闻其声,如临其境,并产生深刻的情感体验,这样有利于教学目标的实现。

第七,现身说法,体现情境。在讲授一些与学生思想认识密切相关的问题的时候,教师自己或请他人来现身说法,说明在某一个特定的场合,自己的所思、所想,也能够体现情境。

总之,情境的创设方式多种多样。一节课教师可以只创设一次情境,也可以连续创设几个相互联系的情境进行教学;可以用一种方式创设情境,也可以以多种方式创设情境。为了搞好情境教学,教师平时要做个有心人,多积累教学素材,以备急用。

4. 情境陶冶教学的操作程序

根据情境陶冶教学的含义、特点和学生情感发生、发展的引发机制,

以及思想政治(品德)课的教学规律,思想政治(品德)课情境陶冶教学应抓住以下四个程序步骤:

背景提示——教师在情境展示之前,根据教学目的,采取导入性背景提示,以引起学生对情境的向往。

带入情境——教师在背景提示的基础上,通过各种手段巧妙地将特定情境展示在学生面前,将学生不知不觉地带入情境当中,使之成为其中的一员。

体验情境——教师通过启发谈话,引导学生观察、参与,让学生想象情境中的人和事,并站在情境中人物的位置上体验其情感,品位情境中包含的情、理、趣、韵等多种信息,并相互交流彼此的真实感受、想法,引导学生产生与教学内容要求相适应的情感反应,即感动的、移情的情感体验。

感悟升华——在学生产生情感体验的基础上,引导学生对情境中蕴涵的情和理进行抽象、概括和论证,使学生对该类道德现象与问题情境及其处理原则、方法和指导思想产生较为稳定的情感态度和价值取向,使之升华为学生人格个性的有机组成部分。

价值判断与价值选择

1. 背景提示

教师可以设计这样一段背景导言:同学们,随着信息技术和金卡工程的实施,我们的生活正被各种各样的卡所包围。卡的广泛使用,既给我们的生活带来了许多便利,也给我们带来了许多意想不到的问题。下面就让我们来看看卡给王明一家人带来了什么。

2. 带入情境

星期天,王明带着卡去取钱。由于自动取款机出了故障,他的卡里竟然多了50多万元钱。他没有敢多取,急忙跑回家,把这件事告诉了家人。家人就如何处理这笔意外之财发生了激烈的争执。儿子主张把钱取出来,一家人好好享受享受;妻子和母亲认为不拿白不拿,一不是偷的,二不是抢的,不会出问题;父亲则坚持认为,这是公家的钱,不能取。(激烈的冲突情境,使学生不知不觉地融入了情境当中)

3.体验情境

情境展示完毕，教师可以问学生：同学们，假如你们遇到这种情况，你会怎么办呢？情境中的各个人的观点分别体现了什么样的价值观？哪种价值观既科学又能帮我们正确处理这样的问题呢？

4.感悟升华

学生围绕上述三个问题展开激烈的争论。通过交流和讨论，大家一致认为，目前我国社会生活中存在着多种多样的价值观，但并不是每一种价值观都是科学的，只有符合社会发展客观规律和人民根本利益的价值观才是科学的。如果以个人主义价值观为行动指南，在实践上必然四处碰壁，不仅会损害国家和集体的利益，而且最终会损害个人的正当利益。只有集体主义价值观才是我国新时期唯一正确的价值观。接着，教师可以从社会存在与社会意识、经济基础与上层建筑、眼前利益与长远利益、部分利益与整体利益的关系原理来论证集体主义价值观的正确性。最后，教师还可以再次创设情境，让学生亲身感悟集体主义价值观的实践意义。

第二节 学法的灵活运用

一、自主学习

(一)自主学习的含义和特征

自主学习包括三个方面的含义：

(1)自主学习是由学习者的态度、能力和学习策略等因素综合而成的一种主导学习的内在机制，也就是学习者指导和控制自己的学习能力。

(2)自主学习是指学习者对自己的学习目标、学习内容、学习方法以及使用学习材料的控制权，即指学习者在以上这些方面的自由选择程度。

(3)自主学习是一种学习模式，即学习者在总体教学目标的宏观调控下，在教师的指导下，根据自身的条件和需要制订并完成具体学习目标的模式。

综上所述，自主学习的定义可归结为：自主学习是一种学习者在总体教学目标的宏观调控下，在教师的指导下，根据自身条件和需要自由地选择学习目标、学习内容、学习方法,并通过自我调控的学习活动完成具体学习目标的学习模式。

自主学习是学生在学习活动中自我决定、自我选择、自我调控、自我评价反思,发展自身主体性的过程。自主学习具有能动性、独立性和异步性三个基本特点:

(1)自主学习的能动性。自主性学习是把学习建立在人的能动性基础上,它以尊重、信任、发挥人的能动性为前提。能动性的表现形式有:自觉(自律)与主动(积极)。自主学习是一种自律学习,一种主动学习,这一转,转出了学生无可推诿的主体责任,也转出了原来处于压抑状态时的那种不能自己决定、自己判断的智慧。自主学习使学生的学习状态发生了根本变化:从他律到自律、从被动到主动、从消极到积极,不仅开发出了学生的潜能,而且培养了学生学习的责任心。

(2)自主学习的独立性。自主学习把学习建立在人的独立性基础上,自主学习的实质就是独立学习,独立性是自主学习的灵魂,要求学生能够不依赖教师和别人,自主独立地开展学习活动。

(3)自主学习的异步性。自主学习尊重学生的个别差异,学生在充分了解自身的客观条件,并进行综合评估的基础上,根据自身的需要,制订出具体的学习目标,选择相关的学习内容,并对学习结果做出自我评估。

总之,自主学习是一种学生把自己置于主人地位上的学习,学习也就变成自己的事,自觉自愿的事。学习积极性的根源在于学生内部学习动机,而这种积极性一旦被调动起来,学生将主动参与到学习活动中去,学习也将是高效的。教师要放手给学生必要的个人空间,为学生创造、发现、表现提供更多的机会,特别是为不同个性特点的学生提供必要的发展空间。可以说,自主学习不仅能开发出学生潜在的能力,而且能激活、诱导出学生学习的积极性,养成良好的学习态度和学习习惯。

(二)自主学习操作策略

1. 转变观念——使学生愿意学

皮亚杰建构主义学习理论认为:知识"是个体在环境交互作用的过程中逐渐构建的结果"。教学是一个师生共同活动的过程,在这一活动中,教师只是个“引路人”,路要靠学生自己去走,而更多的知识经验的获得是要靠学生自己自主去认识、探索和总结。所以在这过程中,学生只有积极参与,主动学习,充分发挥个体的潜能作用,才是获取知识的重要途径。只有让学生认识到自主学习的重要性,学生才会积极主动地去学习、去发展。教师在教学过程中要加强对学生进行自主学习的教育和引导,帮助学生树立自主学习意识。

首先,可以充分发挥思想政治(品德)课的育人功能,通过各种途径加强学生的自主意识和思想的培养,提高他们对自主学习重要性的认识,使他们逐步形成良好的自主观。比如可以多组织一些激励学生自主和树立自信的讲座或演讲比赛,激发和培养学生的自主意识。

其次,政治课教师也可以与班主任配合。利用主题班会课,如“自主学习的重要性”等主题班会课,引导全班同学去讨论,去交流,从而提高学生对“自主意识”重要性的认识。同时还要积极引导他们对学习目的和意义的正确认识,从而把自己的学习和前途、理想联系起来,以此激发学习动机,促进学生的自主学习,把自己的志向和学习目标转化为强烈的学习动力。

学生自主意识的培养是个系统工程,要求学生本人、教师、学校协调一致,有针对性、有目的、有计划地实施,而且这是一个渐进的过程,教师需要有相当的耐心来引导,才能使学生变“要我学”为“我要学”。

2. 授之以渔——使学生知道怎么学

古人云:“授之以鱼,不如授之以渔”,良好的学习策略是学生学好知识的前提和保证。我们强调学生自主学习,培养学生创新精神和实践能力,不仅要善于激发学生主动学习和探究的积极性,还要帮助学生掌握科学的、适合自己个性的学习策略。教师可以通过以下途径指导学生自主学习:

首先开设“学习指导课”,加强对自主学习的训练,就如何预习、听课、讨论、复习、作业、考试、订正等环节对学生提出了具体的要求及方法,在“学习指导课”上讲解、训练,使学生掌握思想政治(品德)课自主学习基本的学习方法。

其次,开设讲座。讲座是对学生进行自主学习方法指导的重要渠道,可采用定期或不定期相结合的方式,围绕某些细化后的专题,有针对性地开设一些讲座,如“怎样预习”、“非选择题的一般解法”、“怎样使自己高效听课”等针对性和实效性较强的话题。

第三,课堂渗透。教会学生会学习的重要途径是课堂,教师把自主式学习方法的指导、培养学生的学习能力规定为课堂教学的主要任务之一,使课堂教学过程成为既传授知识又培养学生学习习惯、教会学习方法的过程。

3. 精心设计——使学生乐于学

在政治课教学中,教师要合理安排课堂教学结构,要给学生留有十分充足的自主学习时间,避免教师一上讲台就讲个不亦乐乎,要把大部分时间的支配权归还给学生,这样才有可能使学生全部参与,才能最大限度地调动每个学生的参与热情和积极性。同时,在整个教学过程中,教师还要多设计一些学生自主学习的环节和作业,比如,小组讨论、正反方辩论、问卷调查、实际考察、主题演讲等,这样尽可能多地给学生提供自主学习的机会和平台。

在教学过程中教师的作用主要表现在:开始上课时,教师就明确地提出教学目标,激发学生的学习动机,调动学生学习的积极性。之后,提出明确的自学要求,即自学什么内容,用多长时间,届时如何检测。同时还要教给学生自学的方法,如看书、找答案,学生还可以边看书,边讨论,边解决疑难等。在学生自学时,教师一方面督促学生按照老师的指导自学,确保完成好自学任务;另一方面通过课间巡视、个别询问、检测的形式进行调查,让学生最大限度地暴露自学中的疑难问题,并认真分析带倾向性的问题,进行梳理、归类。

学生自学之后,教师应注意三点:

第一,教的内容应该是学生自学后还难于掌握的地方,一般遵循三个不讲:学生懂的,老师不讲;学生通过读书思考能学会的老师不讲;学生通过与伙伴合作学习能解决的,老师不讲。

第二,教的要求,不就题讲题,只找答案,而要寻找出规律,真正让学生知其所以然,还要引导学生注意运用时可能出现的问题。

第三,教的方式是让已掌握的学生先讲,如学生讲对了,教师肯定,不必重复;讲得不完整、达不到深度的,教师要补充;讲错了的教师要更正,并且提醒学生避免类似的错误。

4. 即时评价——使学生恒于学

德国教育家第斯多惠说:“教学的艺术不在于传授的本领,而在于激励、唤醒、鼓舞。”苏联教育家马卡连柯也说:“培养人就是培养他对前途的希望。”所以我们应关注每个孩子,要信任他们,给他们以希望,对他们进行积极评价,让他们树立信心。实践证明,教师对学生的学习行为给予正确的评价有助于激发学生的学习动力。因此在学生自主学习的过程中,教师要及时发现并赞赏每位学生付出的努力及取得的哪怕是极其微小的成绩,要拿起“表扬的武器”,使学生处于“我能学好”的自信中。当学生沉浸于“我能学好”的喜悦之中时,必然会产生更强烈的、主动的、求知的心理冲动,从而以更好的心态步入到下一阶段的学习中,为自主学习搭建起新的台阶。

总之,自主学习可以使学生全身心地投入学习,并学有所获。时代在发展,社会在变革,这就要求教师在教学活动当中也要跟上时代脚步,把培养学生自主学习的能力作为教学的“第一要务”,从而实现“教是为了不教”的教学境界,达到促进学生自主学习的根本目标。

(三)自主学习对教师提出的新要求

1. 教师要转变自己的角色

在新课改中教师要重新定位自己的角色,要做学生的咨询者、促进者、帮助者和支持者,发挥“脚手架”的作用。在实际教学中,教师要以学生为中心,多进行一些“为什么”和“怎么办”等引导式的提问,多一些中肯的评价等,使教师的作用从“控制者”向“引导者”转变,由“教的课堂”向“学的课堂”转变,以切实提高学生的思想政治(品德)课自主学习能力。

2. 教师要教会学生有效的学习策略

从研究结果我们发现,学生有效选择和使用学习策略的情况不是太好,这些都与教师平时缺少对学生进行有效的学习策略的传授和训练有直接关系。因为学习策略是可以教会的,并且经过训练,学生可以应用学习策略使学习更加有效。所以学习策略的培养和应用对学生的自主学习有直接的推动作用。

3. 教师要关注学生的学习风格

学习风格是学生在学习中表现出来的一种整体性的、持久的,并且具有个性化的认知方式和处理信息的方式。它分为视觉型、听觉型、体验型和动手操作型。不同的学生可能拥有不同的学习风格,以学生为中心,就是要关注每个学生的学习,要关注学生不同的学习风格。所以教师在平时教学中要体现层次化、差异化,要面向全体学生,激发学生的学习积极性,促进学生自主学习能力的形成。

4. 教师要关注学生的情感态度和价值观

积极的情感会促进学习,消极的情感会阻碍学习。教师在平时的教学中要时刻注意学生的情感态度和价值观,帮助学生消除消极的情感,如焦虑、抑制、害羞、胆怯等;要培养其积极的情感态度,如快乐、大胆、勇敢等。因为思想政治(品德)课是实践性很强的课程,它不仅要求学生具有良好的观察分析能力,同时要求学生具有良好的社会实践能力才能学好,所以教师要鼓励学生善于观察分析社会现象和经济现象,积极参加社会实践,利用参观、访问、社会调查等机会学习思想政治(品德)课,逐渐培养其自主学习的能力。

5. 教师要引导学生学会合作学习

自主学习不等于独立学习。学生在自主学习过程中肯定会遇到一些自己不能解决的问题,这就需要学生学会和同学共同探讨以解决问题。另外,合作学习方式也有助于思想政治(品德)学习中"两极分化"现象的消除。

二、合作学习

(一)合作学习的基本内涵

合作学习是指以学习小组为基本组织形式,以团体成绩为评价标准,通过教学动态因素之间的互动,共同达成教学目标的一种新型教学方法。从国内外合作学习的理论与实践来看,目前合作学习活动的形式其主要取向大致可以归结为两种,即师生合作互动、生生合作互动。

合作学习对于培养学生分析问题和解决问题的能力、批判性思维和创造性思维能力，发展学生的合作交往技能，提高学生的学习成绩，激发学生的学习动机，建立和谐、民主、新型的师生关系，都具有重大意义。

合作学习的内涵涉及以下几个层面的内容：

1. 合作学习是以学习小组为基本形式的一种教学活动

合作学习以学习小组为基本组织形式，虽然它不排斥班级教学，但是它的根本特色还在于小组活动的组织和开展。在小组活动中，合作学习通常采取异质分组，力求小组成员在性别、成绩、能力、背景等方面具有一定的差异，使小组成员间具有一定的互补性。

2. 合作学习是以教学动态因素的互动合作为动力资源的一种教学活动

教学因素有动态和静态之分，其中动态因素主要是指教师和学生。小组合作学习要求所有的教学动态因素都应保持互动，特别是合作性互动，由此推进教学过程。强调动态因素之间的合作性互动是小组合作学习具有的重要特征之一。

3. 合作学习是一种目标导向的教学活动

所有的合作学习活动都是围绕着达成特定的共同目标而展开的。教学目标的设计、确定和管理是合作学习所强调的一些重要环节。

4. 合作学习是以团体成绩为奖励依据的一种教学活动

合作学习通常不以个人的成绩作为评价的依据，而是以各个小组在达成目标过程中的总体成绩作为评价和奖励的标准。这种机制可以把个人之间的竞争转化为小组之间的竞争，从而促进小组内部的合作，使学生在各自的小组中尽其所能，得到最大限度的发展。

(二)合作学习实施的基本条件

合作学习作为一种教学方法，其顺利开展至少应该具备以下几个方面的条件：指导者、学习者和学习内容。

1. 教师要有积极的态度、丰富的知识和必要的技能

教师在合作学习的实现方面起着关键作用，教师通过引导、组织、暗示、评价等方式可以有效地促进合作学习的深入。如果教师态度不积极，不改变传统角色和教学模式,不熟悉合作学习的规律和特点,合作学习是难以真正实现的。这就要求教师必须改变传统教学观念和转换角色,充分相信学生,淡化权威意识。在合作学习中,教师要充当“管理者”、“促进者”、“咨询者”、“顾问”和“参与者”等多种角色,旨在促进整个教学过程发展,使学生与新知之间的矛盾得到解决,使学生之间的人际关系得到优化。同时,教师要学习一些合作学习的基本知识和技能,根据学生心理特点有效地指导学生的合作学习。

2. 学生必须具有合作学习的心理准备和交往技能

由于我国课堂教学长期以来形成了“你讲我听”式的单向传授模式,学生习惯于被动接受,在合作形式的学习活动中往往不知所措,容易将合作学习看做是走形式,不能从心理上真正进入合作者的角色。因此,教师要鼓励学生转变角色意识,让学生大胆表现自我、展示自我、坚信自我。在合作学习中,教师要寻求切入点,把握兴奋点,充分激发学生的潜能,拓展“自我”,激活学生创造的本能。在心理上建立自主合作者的角色意识,克服依赖心理和被动接受知识的心理倾向。另外,教师还要教会学生一些必要的合作交往技能和规则,如要学会倾听别人的发言,尊重别人的意见,接纳别人有建设性的观点,学会说理和有效地解释自己的观点等。

3. 学习内容、成员的水平以及组成必须适宜

首先,学习内容的难度要适中,过难或过易都不利于合作学习的开展。同时,学习内容要能引起成员的共同兴趣,还要使问题对于个体来说都无法独立进行,必须合作完成,这样成员之间就会产生相互依赖性,有利于合作的进行。其次,成员的能力水平、知识背景、性格特征要搭配合理。成员的水平不能相差太大,否则无法同等对话;知识背景要按照问题特点合理搭配,如有些问题涉及文学、历史、社会知识等,可以考虑选配具有上述背景知识的成员合理搭配,以利于讨论的活跃和思维的拓展。再次,在成员的编配上,要按照问题的性质和特点及现有条件考虑不同人员的搭配,如有些问题可在课堂上通过师生合作或生生合作完成,而另一些问题适合于学生与家长合作完成。当然,上述三个方面的实行是在打破课堂教学纯粹认知活动的限制,充分利用学校和社会资源,发挥学习者人际关系的巨大潜力,使课堂学习拓展为在社会性的探索、交流活动的前提下进行的。

(三)合作学习操作要领

1. 改变座位排列,正确进行分组

课堂中的座位排列方式,会直接影响到学生合作与参与的方式和程度。例如,传统课堂中的座位排列方式是课桌一排排朝前的,是典型的"秧田式",这种座位排列方式,便于同桌之间进行交流与合作,再大范围的合作效果就会受到影响,而且也不大便利。圆形座位排列方式,适合班内全体同学参与大讨论,可以大大增加学生之间、师生之间言语和非言语交流,从空间特性上消除座位的主次之分,有利于师生平等关系的形成。小组合作学习应采用小组排列的方式,每5人一个小组,座位排列采取"2-3面对面方式",它能最大限度促进学生之间的交往和相互影响,加强学生之间的联系,促进小组活动。组内成员的分工必须明确,这样能够确保每个人知道自己应该做什么。

合作学习的小组分组是以组间同质、组内异质为原则的。这样做,有助于合作和竞争的开展。组内异质,有助于组内"先进"帮助"后进",成员之间取长补短,实现互补;组间同质,有助于组间竞争的开展,通过竞争,真正把合作搞好。

2. 重组学习内容,重新进行编排

目前学生所学习的内容大都是逻辑演绎式的教材体系,这种体系结构严谨,适宜于讲解传授,对于学生探究、合作学习却不一定适合。为了调动学生的学习情趣,有利于学生实现合作,教师必须对教学内容进行再创造式的重组和选择,使教学内容展现知识产生和发现的过程,适应学生心理特点,适宜于发现探索,使学生自发产生合作探讨的心理需要。

3. 选用合适方式,培养合作意识,讲授合作方法

合作学习的方式多种多样,教师要根据教学内容的难易度、教学材料的复杂度、班级成员的构成情况和教学目标来选择合适的学习方式。合作学习的目标并不仅仅是完成学习任务,更重要的是通过合作学习,培养

学生的合作参与意识、与人友好相处的意识、共同完成任务的能力。因此,教师要注意在平时的教学活动中,设计一些只有在合作的情况下才能完成的活动,以此来促进学生合作能力的发展。此外,教师还可以专门或穿插进行一些合作的方法讲授。

4. 要建立合理有效的评价制度

合理有效的评价制度是合作学习开展的保证,也是合作学习开展的激励机制。评价是否公正、合理和有效,直接决定了合作学习开展的程度。所以,建立一套切实可行的评价制度显得尤为重要。合作学习的评价可采用多种形式:形成性评价与终结性评价相结合,自评与他评、小组评相结合等。这几种评价形式可以单独运用,也可交互运用。教师应重视发挥评价的激励功能,在评价内容上,注重对学生在学习过程中所表现的情感、态度能力和学习策略,学生掌握基础知识和学习内容的水平及表现出来的发展潜能等进行全面综合性的评价。

5. 正确处理合作和竞争的关系

有经验的教师能正确处理合作和竞争的关系,会巧妙地运用合作和竞争来开展合作学习。教师可以采用多种途径和措施,来加强组内成员的合作,使成员之间保持和谐的同伴关系,增强组内团结,能够更好地"一致对外";同时,又要保持小组之间的一定竞争,通过竞争来促进小组的良性发展,把小组之间的竞争建立在小组内合作的基础上,能够培养学生的合作和竞争意识,促进他们的共同发展。

6. 注意结合其他教学方法使用

合作学习的使用有其特定的条件,它适宜于在规模较小的班级中实行。学生过多,容易带来各种各样的困难,诸如分组和座位排列,有时甚至可能导致课堂秩序失衡和课堂气氛混乱。同时,也不是所有性质的教学内容都可以采用合作学习的方式,像知识点密集和逻辑性较强的内容,更需要教师的精讲和细讲。在教学过程中,要把合作学习与班级教学和个别化教学相结合,把教师的讲授与学生的读书相结合,把教师的指导与学生的自学相结合,把教师的提问与学生的质疑问难相结合,把传授知识与传授方法相结合。唯有如此,合作学习才能收到实效。

三、研究性学习

(一)研究性学习的含义和特征

研究性学习,就是在学习过程中创设一种类似科学研究的情境或途径,让学生在教师的引导下,从学习生活和社会生活中去选择或确定研究专题,用类似科学研究的方式,主动地去探索、发现,同时学会对信息进行收集、分析和判断,通过获取知识、应用知识、解决问题,增强学生创新精神和实践能力的一种教学方法。

研究性学习具有开放性、探究性和实践性的特点。

1. 开放性

研究性学习的内容不是特定的知识体系,而是来源于学生的学习生活和社会生活,立足于研究、解决学生关注的一些社会问题或其他问题,涉及的范围很广泛。它可能是纯粹政治学科的,也可能是多学科综合、交叉的;它可能偏重于实践方面,也可能偏重于理论研究方面。在同一主题下,由于个人兴趣、经验和研究活动的需要不同,研究视角的确定、研究目标的定位、切入口的选择、研究过程的设计、研究方法和手段的运用以及结果的表达等,都可能不同。这种灵活性为学习者、指导者发挥个性特长和才能提供了广阔的空间,学习过程成为一个开放的过程。

2. 探究性

在研究性学习中,学习的内容是在教师的指导下,学生自主确定的研究课题;学习的方式不是被动地记忆、理解教师传授的知识,而是敏锐地发现问题,主动地提出问题,积极地寻求解决问题的办法;学习的过程是探求结论的自主学习过程。因此,研究性学习的课题,不宜由教师指定某个材料让学生去记忆、理解,而应引导、归纳、呈现一些需要学习、探究的问题。这个问题可以由展示一个案例、介绍某些背景或创设一种情境引出,也可以直接提出;可以由教师提出,也可以引导学生自己发现和提出。研究的过程要学生自主探究解决问题的方法并自己得出结论。

3. 实践性

研究性学习强调学生亲身的实践和体验,重视通过这种学习方式促使学生将所学的知识技能运用于社会和生活。在研究性学习中,教师要引导学生关注现实生活,亲身参加社会实践活动。同时,研究性学习的设计应为学生参与社会实践活动提供条件和可能。

(二)研究性学习的目标

研究性学习的课程目标与一般的学科教学目标不同,它更强调学生的亲身实践和体验,更强调学生对所学知识技能的实际运用,更强调在知识技能运用过程中,使学生的思考力和创造力得到增强,在亲身实践中,使学生的思想意识、情感意志、精神境界等各方面得到升华。具体来说,其目标体现在以下几个方面:

1. 获得亲身参与研究探索的体验

亲身参与是研究性学习的第一要义。只有参与进去,才能体验出解决实际问题的不易,才能感受到书本知识的来之不易,才能品尝成功以后的喜悦。

2. 提高发现问题和解决问题的能力

在开放的环境中发现并提出问题是研究性学习的关键。提不出问题,就无从谈及设计解决问题的方案,也无从知道围绕什么主题收集资料,更不可能总结提炼研究的成果。所以,研究性学习要求学生在发现问题的过程中激活学习中的知识储备,在解决问题的过程中提高自己的综合实践能力。

3. 培养收集、分析和利用信息的能力

收集、分析和利用信息是贯穿于整个研究性学习全过程的活动主线。研究性学习最终的结论和成果不是凭空产生的,它需要从各种信息中进行提炼。从这个角度来看,研究性学习可以划分三个层次:第一层次是能够熟练运用各种方法、工具获取所需的信息;第二层次是能够通过复杂的思维活动来分析处理信息;第三层次是重新组织信息,从而获得解决问题的最佳方案。三个层次合在一起就是研究性学习,所以研究性学习要求学生增强信息素养。

4. 学会分享与合作

学会与人交往合作,学会与人共同承担责任、共同分享快乐和成果是完成研究性学习任务的基本保证。即使选择的课题是采取独立研究的方式,同样离不开与人打交道,离不开别人的支持和帮助。研究性学习为同学之间的人际沟通创设了广阔的空间,在开展研究活动过程中,同学们要发扬团队精神,学会合作与分享。

5. 培养科学态度和科学道德

科学态度和科学道德是研究性学习追求的高尚人文精神。真理的追求需要脚踏实地,研究性学习虽然不能与科学家和理论工作者的创造历程相比,但是同样需要同学们脚踏实地地探究,实事求是地获得结论,尊重他人的想法和成果,养成严谨求实的科学态度和积极进取的精神,磨炼不怕吃苦、勇于克服困难的意志品质。

6. 培养对社会的责任心和使命感

增长促进社会进步和发展的才干是我们参与研究性学习的价值取向。创新意识和实践能力只有与时俱进,才能创造出有价值的成果。在研究性学习的过程中,同学们通过社会实践,要深入了解科学对自然、社会和人类的意义价值,学会关心国家和社会的进步,学会关注人类与环境的和谐发展,形成积极的人生观和人生态度。

(三)研究性学习的操作要领

1. 研究性学习实施的一般程序

研究性学习的实施一般可以分为三个阶段:进入问题情境阶段、实践体验阶段、表达交流阶段。在学习进行的过程中,这三个阶段并不是截然分开的,而是相互交叉和交互推进的。

第一阶段——进入问题情境阶段。此阶段要求师生共同创设一定的问题情境,以做好背景知识的铺垫,调动学生原有的知识和经验,然后经过讨论,提出核心问题,诱发学生探究的动机,确定研究的范围和研究的题目。在这个阶段,教师应帮助学生通过搜集相关资料,了解有关研究题目的知识水平,该题目中隐含哪些争议性的问题,使学生从多个角度认识、分析问题。在此基础上,学生建立研究小组,共同讨论和确定具体的研究方案,包括选择合适的研究方法、搜集可能获得的信息、准备调查研究所需要的材料、可能采取的行动和可能得到的结果。此外,学生要反思所确定的研究问题是否合适,是否需要调整等。

第二阶段——实践体验阶段。在确定需要研究解决的问题以后,学生要进入具体解决问题的过程,通过实践、体验,形成一定的观念、态度,掌握一定的方法。本阶段的实践、体验内容包括:第一,搜集和分析信息资料。学生应了解和学习收集资料的方法,掌握访谈、上网、查阅书报杂志、问卷等获取资料的方式,并选择有效方式获取所需要的信息资料;要学会判断信息资料的真伪、优劣,识别对本课题研究具有重要关联的有价值的资料,淘汰边缘资料;学会有条理、有逻辑地整理和归纳资料,发现信息资料之间的关联;最后综合整理信息进行判断,得出相应的结论。第二,调查研究。学生应根据个人或小组设计的研究方案,按照确定的研究方法,选择合适的地方进行调查,获取调查结果。在这个过程中,学生应如实记录调查中所获得的基本信息,形成记录实践过程的文字、音像等多种形式的材料;同时要学会从各种调研结果、实验、信息资料中归纳出解决问题的重要思路和观点,并反思是否获得足以支持研究结论的证据,是否还存在其他解释的可能。第三,初步的交流。学生通过收集资料、调查研究得到的初步研究成果在小组内或个人之间充分交流,学会取长补短,在思维碰撞中获取灵感的火花,修正、证明或发展自己的观点。

第三阶段——表达和交流阶段。在这一阶段,学生要将收获的知识进行归纳整理、总结提炼,形成书面材料和口头报告材料。成果的表达方式要多样化,除了按一定要求撰写实验报告、调查报告以外,还可以采取开辩论会、开研讨会、搞展板、出墙报、编刊物(包括电子刊物)等方式;同时,还应要求学生以口头报告的方式向全班发表,或通过指导老师主持的答辩。学生的交流、研讨与同学们分享成果是研究性学习不可缺少的环节。在交流、研讨中,学生要学会欣赏和发现他人的优点,学会理解和宽容,学会客观的分析和辨证的思考,也要敢于和善于申辩。

2. 研究性学习实施中的教师指导

研究性学习强调学生的主体作用,同时,也重视教师的指导作用。在研究性学习实施过程中,教师应把学生作为学习探究和解决问题的主体,并注意转变自己的指导方式。

第一,在研究性学习实施过程中,教师要及时了解学生开展研究活动时遇到的困难以及他们的需要,有针对性地进行指导。教师应成为学生研究信息交汇的枢纽,成为交流的组织者和建议者。在这一过程中要注意观察每一个学生在品德、能力、个性方面的发展,给予适时的鼓励和指导,帮助他们建立自信并进一步提高学习积极性。教师的指导切忌将学生的研究引向已有的结论,而是提供信息、启发思路、补充知识、介绍方法和线索,引导学生质疑、探究和创新。

第二,在研究性学习实施过程中,教师必须通过多种方式争取家长和社会有关方面的关心、理解和参与,与学生一起开发对实施研究性学习有价值的校内外教育资源,为学生开展研究性学习提供良好的条件。

第三,在研究性学习实施过程中,教师要指导学生写好研究日记,及时记载研究情况,真实记录个人体验,为以后进行总结和评价提供依据。

第四,教师可以根据学校和班级实施研究性学习的不同目标和主客观条件,在不同的学习阶段进行重点的指导,如着重指导资料搜集工作,或指导设计解决问题的方案,或指导学生如何形成结论等。

思考题

1. 教师在运用案例教学法时,要注意哪些问题?

2. 试述体验式教学的操作要领。

3. 何为合作学习？试述合作学习的操作要领。

参考文献

[1] 陈向明.在参与中学习与行动——参与式方法培训指南(上册)[M].北京:教育科学出版社,2003.

[2] 高慎英,刘良华.有效教学论[M].广州:广东教育出版社,2004.

[3] 靳玉乐.合作学习[M].成都:四川教育出版社,2005.

[4] 李森.现代教学论纲要[M].北京:人民教育出版社,2005.

[5] 邵瑞珍.教育心理学[M].上海:上海教育出版社,1987.

[6] 谢利民,郑百伟.现代教学基础理论[M].上海:上海教育出版社,2003.

拓展阅读文献

[1] 卢家楣.情感教学心理学[M].上海:上海教育出版社,2000.

[2] 任长松.探究式学习——学生知识的自主建构[M].北京:教育科学出版社,2005.

[3] 邵瑞珍.学与教的心理学[M].上海:华东师范大学出版社,1990.

[4] 施良方.学习论——学习心理学的理论与原理[M].北京:人民教育出版社,1994.

第五章　合理开发利用课程资源

——思想政治(品德)高效课堂构建的必要条件

《基础教育课程改革纲要(试行)》指出,要“积极开发并合理利用校内外各种课程资源”。2003年7月教育部颁布的《全日制义务教育思想品德课程标准(实验稿)》,在课程实施建议中首次明确提出了思想品德课程资源的开发利用问题。2004年3月教育部颁布的《普通高中思想政治课课程标准(实验)》提出:“为保障高中课程的实施,学校应加强课程资源建设”,对课程资源的开发与利用提出了原则性的要求和建议。思想政治(品德)课课程资源开发与利用是本次课程改革的一个亮点,作为课程改革的支持系统,它关系到课程的实施,为新课程理念的实现奠定资源上的支撑。由于我国对思想政治(品德)课课程资源的开发利用的研究还处于起步阶段,许多问题还有待于在理论研究和教育教学实践中进一步明确。

第一节　思想政治(品德)课课程资源开发利用的意义

一、课程资源的含义

(一)什么是课程资源

我国新一轮基础教育课程改革,强调课程的综合化,关注不同地区学生的兴趣、经验和需求,并提出实行国家、地方、学校三级课程管理制度。在这种背景下,“课程资源”概念被提出,课程资源的开发与利用也同时受到人们的关注和重视。

课程资源有广义与狭义之分。广义的课程资源指有利于实现课程目标的各种因素,狭义的课程资源则仅指形成教学内容的直接来源。综合两种观点,可以将课程资源界定为:构成课程设计、编制、实施和评价等整个课程教学过程可以利用的一切人力、物力以及自然资源的总和。包括教材、教师、学生、家长以及学校、家庭和社区中所有利于实现课程目标,促进教师专业成长和学生有个性的全面发展的各种资源。

在教育教学活动中可以开发与利用的资源多种多样,除了学生手头现有的思想政治(品德)教科书和辅导资料外,学校、社会中的任何经济现象、政治现象、社会现象以及某些人和事等都可以作为思想政治(品德)课课程资源。但只有那些进入课程,与教学活动联系起来的资源,才是现实的课程资源。

(二)课程资源的分类

课程资源的分类从不同角度划分,类别也不同,但应该本着逻辑清晰和有利于教育教学实践这两个基本原则来划分,才能比较合理。

根据资源的功能特点,把其分为素材性课程资源与条件性课程资源,其中,素材性课程资源的特点是作用于课程,并且能够成为课程的素材或来源,比如,知识、技能、经验、活动方式与方法、情感和价值观等方面的因素,就属于素材性课程资源。条件性课程资源的特点则是作用于课程却并不是形成课程本身的直接来源,但它在很大程度上决定着课程的实施范围和水平,比如,直接决定课程实施范围和水平的人力、物力和财力、时间、场地、媒介、设备、设施和环境,以及对于课程的认识状况等因素,就属于条件性课程资源。

另外,根据资源的来源,把其分为校内课程资源和校外课程资源;根据资源的物性特征,把其分为人力资源和物力资源;根据资源的性质,把其分为自然课程资源和社会课程资源;根据资源的呈现方式,把其分为文字资源、实物资源、活动资源和信息化资源;根据资源的存在方式,把其分为显性课程资源和隐性课程资源;根据课程的制约因素,将课程分为三类,即原生性课程资源——知识,内生性课程资源——学生,外生性课程资源——社会。

虽然按不同的标准分成了不同类型的课程资源,但实际上这些课程资源又是可以相互交叉、相互包容的,正如现实中的许多课程资源往往既包含着课程的素材,也包含着课程的条件,没有绝对的界线。

资源链接:思想政治(品德)课课程资源的呈现方式

(1)文字与音像资源。最主要的资源是思想政治(品德)教科书,其他涉及经济、政治、文化、哲学等各类社会科学,以及时事政治等方面的报刊、书籍、图片、录音、录像、影视作品等,也是思想政治(品德)课程的重要资源。

(2)人力资源。思想政治(品德)课教师是最重要的人力课程资源,教师的素质状况决定了课程资源开发与利用的范围和程度。学生是学习的主体,同时也是重要的课程资源。人力资源还包括家长及其他社会各界人士。

(3)实践活动资源。广义的实践活动包括课堂讨论、辩论、演示等;也包括课堂外的参观、调查、访谈等。博物馆、纪念馆、文化馆、自然和人文景观、教育基地等,都是实践活动课程资源的一部分。

(4)信息化资源。利用信息技术和网络技术,搜集网上资源,包括文字资料、多媒体资料、教学课件等。

中华人民共和国教育委员会.普通高级中学思想政治课课程标准[M].北京:人民教育出版社,2007.

二、思想政治(品德)课课程资源的特点

了解思想政治(品德)课课程资源的特点有助于进一步明确思想政治(品德)课课程资源的概念,掌握其与其他课程资源的异同之处,这样才能更有针对性地合理开发利用本学科的课程资源。

(一)待开发性(或称价值潜在性)

思想政治(品德)课课程资源同其他课程资源一样,无论其存在形态、结构、功能等都具有潜在的待开发性,也就是说,它必须要经过课程实施主体自觉能动地加以开发和利用,才能转化为现实的思想政治(品德)课程组成部分,发挥其教育价值。相对于现实的思想政治(品德)课程实施条件来说,思想政治(品德)课课程资源是一种自然因素,须经主观赋值后才能进一步开发利用。从这种意义上看,一切可能的课程资源都具有价值潜在性的特点。思想政治(品德)课课程资源的这一特点,要求教师独

具慧眼,善于挖掘课程资源的多种利用价值。

(二)主观转化性

思想政治(品德)课程的本体功能就是德育功能,即通过直接或是间接的道德教育,让学生形成一定的道德品质和道德观念,从而提升个体的道德素养,塑造社会的良好风气。因此,思想政治(品德)课课程资源具有主观转化性的特点,即指思想政治(品德)课课程资源必须进入课程实践过程,而且必须要通过思想政治(品德)课课程实践的主体——教师和学生对其课程资源进行有效转化。一方面,要强调教师对思想政治(品德)课课程资源的重新建构。教师会根据自己的价值取向、课程反映的价值观做出不同的阐释,对课程内容做或多或少的增减,或安插一些自己认为重要的观点和内容。另一方面,则是学生对思想政治(品德)课课程资源的适应。教师所教授的代表社会所要求的内容,学生自己是否认同,对自己以后发展有没有用,和自己在家庭社会所接触的一样不一样等,都是学生会考虑到的。

(三)学科借鉴性

以价值传递为核心的思想政治(品德)课程与以知识传授为核心的其他课程实际上是两种不同的课程形态。思想政治(品德)课程在内容选择、教学实施、课程评价方面有着自己的特殊规定性,但这些特殊规定性并不妨碍其他课程与思想政治(品德)课程实践相互结合。思想政治(品德)课课程资源较之其他教育资源的范围更为广泛,内容层次更为全面,可以涉及学生的校内或校外、课内或课外多个方面。因此,我们可以跨领域、跨学科地借鉴课程资源为思想政治(品德)课程所用,使之成为"德育课程资源"。

(四)丰富多样性

教材无疑是重要的课程资源,尤其是新的教科书的编写,在内容上和可读性上关注了学生的实际。但课程资源绝不仅仅是教材,也绝不仅仅限于学校内部。课程资源涉及学生学习与生活环境中一切有利于达成课程目标的资源,它弥散于学校内外的方方面面。它的丰富多样性表现在两个方面：一是思想政治(品德)课课程资源"客观状态"的多样性。不同的地域，可待开发和利用的课程资源不同，其构成形式和表现形态各异；不同的文化背景下，人们的价值观念、道德意识、风俗习惯、宗教信仰等具有独特性，相应的思想政治(品德)课课程资源各具特色；学校性质、规模、位置、传统以及教师素质和办学水平的不同，学校和教师可以开发与利用的思想政治(品德)课课程资源自然有差异；学生的家庭背景、智力水平、生活经历的不同，可供开发和利用的思想政治(品德)课课程资源必然也是千差万别的。二是思想政治(品德)课课程资源"人为确定"的结果是多样的。教师、学生作为教学的能动主体，各自存在不同的人生经历、学识水平及教育观念等，势必导致对课程资源的筛选和评价不同，从而形成课程资源开发利用形式的多样性。因此，我们要识别、选择、开发和利用与学生生活息息相关的课程资源。

(五)动态生成性

首先，在不同的历史时期，思想政治(品德)课课程资源的内涵、外延及内容不同，其思想政治(品德)本身就有一个与时俱进的发展过程，也是我们提倡多方位开发利用其课程资源的时代要求。其次，一个地区的德育课程资源在一定时间内总有一定的限度，这个地区的自然环境、经济水平、民族文化和社会背景等，都影响着课程资源的动态发展。再次，思想政治(品德)课课程资源作为教育资源的一部分，势必受到整个社会资源系统变动的影响。另外，课堂教学过程中也会有许多可随机捕捉的课程资源，如教学事项的变化，师生在教学过程中出现的错误等都可以利用作为课程资料进行因势利导的运用。因此，我们说思想政治(品德)课课程资源是动态而开放的，必须针对具体的时空条件和客观情景做出资源开发和利用的应对措施。

三、思想政治(品德)课课程资源开发利用的意义

(一)思想政治(品德)课课程资源的开发与利用

课程资源的开发，就是指在现有课程来源的基础上，围绕既定的教育

方针和目的,拓宽和开发新的课程资源。所谓思想政治(品德)课课程资源开发,实质上就是探寻一切有可能进入思想政治(品德)课程,能够与思想政治(品德)教学活动联系起来的资源,包括挖掘潜在思想政治(品德)课课程资源、发现创生思想政治(品德)课课程资源等;所谓思想政治(品德)课课程资源的利用,实质上就是充分使用被开发出来的思想政治(品德)课课程资源,包括对现有思想政治(品德)课课程资源的延伸利用、原有思想政治(品德)课课程资源重组而生的思想政治(品德)课课程资源。

思想政治(品德)课课程资源的开发与利用是密切联系在一起的,开发是利用的前提,利用是开发的目的,而开发的过程也包含着一定的利用,在利用的过程中也会促进进一步的开发。

(二)思想政治(品德)课课程资源开发利用的意义

思想政治(品德)课的培养目标是引导学生树立正确的人生观、价值观、道德观、法制观,培养良好的社会责任感。同其他学科相比,思想政治(品德)学科更侧重于学生的情感、态度与价值观的统一。然而,思想政治(品德)课的教学内容比较抽象、概括,又具有鲜明的时代性和社会性。因此,思想政治(品德)课教学迫切需要在创造性地使用教材的同时,开发利用课程资源。

1. 有利于促进学生发展

思想政治(品德)课是门综合性很强的学科。丰富多样的课程资源进入教学领域,以其具体形象、生动活泼和学生能够亲自参与等特点,给学生多方面的信息刺激,有利于调动学生多种感官参与活动,激发学生兴趣,使学生身临其境,在愉悦中增长知识、培养能力、陶冶情操,提高思想政治(品德)课的吸引力,有利于学生形成"自主、合作、探究"的学习方式。学生的生活经验、感受、兴趣、爱好、知识、能力等构成课程资源的有机成分,为学生发展多方面能力,提升思想政治(品德)素养和为其终身学习打下良好的基础。总之,学生的发展将受益于丰富的、具有开放性的课程资源的开发和利用。

2. 有利于提升教师素质,促进教师发展

思想政治(品德)课课程资源开发和利用有利于提升教师素质,教师在开发和利用课程资源的过程中既是资源开发和利用的主体,本身又是重要的课程资源,教师的素质状况决定了课程资源的识别范围、开发与利用程度以及发挥效益的水平。课程资源的开发对教师提出了新的专业能力要求,即课程开发的专业素养和能力。思想政治(品德)教师应该成为学生利用课程资源的引导者、开发者,必须具备根据具体的教学目的和内容开发与选择课程资源的能力,充分挖掘各种资源的潜力和深层次价值。教师要付出更多的心血和努力,掌握更多的资源。而且,由于在思想政治(品德)教学过程中,教师是学生最贴近的思想道德形象,会成为学生最直接的模仿对象。因此,对教师自身的道德素质和专业发展都会有很大的促进作用。

3. 有利于转变思想政治(品德)课程功能和学习方式

我国传统的思想政治(品德)课程遵循的是教材的知识性传递,课堂上的灌输和说教式教学,对日常行为的约束式管理,这也是造成该课程缺乏实效性最直接的原因。思想政治(品德)课课程资源开发利用是对传统思想政治(品德)教育模式的突破,逐渐改变了人们对传统道德课程的狭隘性与封闭性理解。教学以培养学生的情感、态度和价值观等情意素质为主要目标,让师生的生活和经验进入教学过程,让教学"活"起来;可以改变学生在教学中的地位,从被动的知识接受者转变为知识的共建者,从而激发学生的学习积极性和主动性;还可以开阔教师的教育视野,转变教师的教育观念,从而更好地激发教师的创造性智慧。

4. 有利于新一轮国家基础教育课程改革的深入开展

新一轮国家基础教育课程改革,为了增强课程对地方、学校和学生的适应性,不仅设置了包括国家课程、地方课程和校本课程的国家基础教育课程计划框架,而且强调学校和教师创造性地实施课程,形成具有良好适应性的丰富的教学模式。特别是像思想政治(品德)课程,虽然是国家规定课程标准,但具体实施的内容和形式则完全是由地方、学校来决定,这就需要对思想政治(品德)课课程资源有充分的认识和便捷的获取途径。否则,课程改革的许多目标就会落空。所以,强调思想政治(品德)课课程资源的地位和作用是此次课程改革中的一个亮点,也是一个难点。

总之,开发和利用思想政治(品德)课课程资源的终极意义,在于引导教师和学生真正从基于教科书的教与学走向基于资源的教与学,促进学生和教师的发展。

第二节　思想政治(品德)课课程资源开发利用中的问题

一、思想政治(品德)课课程资源开发利用中存在的问题

随着新课改的实施,不少学校和教师在课程资源的开发与利用方面进行积极的探索和实践。然而,由于对思想政治(品德)课课程资源的内涵和价值认识不够,导致思想政治(品德)课课程资源的开发和利用表现出很强的局限性与低效性。主要表现在开发利用课程资源的主体不明晰,意识淡漠,开发者的知识、能力、方法和热情欠缺;课程资源开发利用的结构存在着单一化和片面化倾向;课程资源开发利用在内容和实施方面也存在不少问题。

(一)开发利用思想政治(品德)课课程资源在主体方面存在的问题

1. 主体不明晰

根据教育部专家组在国家课程改革实验区开展的以“课程资源开发利用”为主体的专项调查,数据显示课程资源开发责任主体具有多元性。教师、当地政府和教育主管部门、专门机构、学校、专家、学生和家长中,教师这一因素所占比重最大,为38.7%,验证了课程资源开发多元主体中教师地位的特殊性。

课程专家开发的课程在内在的学术性品质上固然很好,但就课程反映不同地区、不同学生的差异性与多样性来说,他们是无能为力的。然而,在课程开发利用的实践中,主要是依靠少数课程学者、学科专家开发课程资源,教师、学生、家长和其他社会力量作为课程开发的主体作用还未充分地发挥出来。教师作为课程资源开发利用的最重要的主体,囿于传统的“教教材”的角色中,自身及外界却没有赋予他课程资源开发的合理地位。教师只是处于用教材,用课程资源,解释课程资源的边缘地位。

2. 意识淡漠

长期以来,在广大一线教师的观念中鲜有课程资源的概念框架,课程资源意识淡漠。多数政治教师视教材为唯一课程资源,仅停留在“讲授教材”的层面,或把“课程”窄化为“学科”,窄化为“教科书”;仍有不少教师认为课程资源开发是上级主管部门或专家的事情,与自己无关。在思想政治(品德)课课程资源的开发和利用的实践中,教科书、参考资料等非生命资源受到特别的青睐,但其他如学生、家长和其他社会人士等生命性的资源,具有独特性乡土风情的地域资源、生态资源等多样化的课程资源则被忽视。

3. 缺乏开发利用的知识、能力、方法和热情

很多教育工作者,由于对课程资源概念没有进行清晰的界定而导致在课程资源开发与利用问题上存在范围窄化的现象。如专注于条件性课程资源的开发与利用而忽视素材性课程资源的开发与利用;或专注于校内课程资源的开发与利用而忽视校外课程资源的开发与利用;或专注于课堂课程资源的开发与利用而忽视其他形式的课程资源的开发与利用。同时,许多教师缺乏对思想政治(品德)课程资源进行有机地整合与筛选的能力、敏锐的洞察力、反思能力、合作与沟通能力以及获取新知识与新信息的能力,这是极不利于新课程资源的开发与利用的。

有的教师认为,政治课程资源的开发和利用,就是在教学设计中增加一些教科书以外的背景资料、典型案例,认为课程资源越多越好,没有根据学情和班情进行第二次备课,反而会给人以堆砌材料、滥竽充数的感觉。造成了课程资源的开发和利用的低效,对学生政治素养的提高不能产生理想的效果。

学校过分考虑学生的升学率,对思想政治(品德)课不够重视,对其课程资源的开发与利用更为忽视,也必然会影响到教师开发与利用课程资源的积极性,甚至对改革措施持抵触态度。

(二)思想政治(品德)课课程资源开发利用在结构方面存在的问题

以往与纸质印刷时代要求相适应,思想政治(品德)课教材一直是我国思想政治(品德)课教育教学的主要课程资源,以至于人们常常误以为教材就是唯一的思想政治(品德)课程资源。虽然在新课程改革中,这种局面有所改变,但仍然出现偏重一些课程资源的开发与利用而忽视其他课程资源的情况,表现在:

1. 教师、学生作为开发主体被排斥于思想政治(品德)课课程资源教学资源之外

无论是作为思想政治(品德)课课程资源开发的主体角度,还是从自身作为思想政治(品德)课程资源的角度来看,教师都是课程资源开发过程中最为重要的因素。但长期以来,由于思想政治(品德)课课程设计上的封闭性,教师缺少对课程资源的合法决策的权力,教师的生活经验、问题困惑、理解感悟、情感态度等丰富的思想政治(品德)课课程资源大都被排斥在教学过程之外,不能合法地进入教学过程,他们自身也就被排斥在课程和教学之外,他们就只能是一个"传声筒"。

在实际的课程资源开发中,更多的时候我们是把学生作为受益人的角色来定位,学生作为一种重要的课程开发主体也被有意无意地忽略了。在思想政治(品德)教育教学的过程中,学生学习过程中所表现出来的心理问题、思想上出现的困惑,尤其是学生在回答问题时"标新立异"的提法,争论时脱口而出的话语,师生合作探究时咄咄逼人的问题等,都是课堂上出现的稍纵即逝的亮点,都能够为我所用而成为重要的课程资源。但很多教师拘泥于既定的教学设计,不注意或不知道如何利用这些资源,面对涉及政治、思想、品德方面的价值问题,只给一个明确的"正确答案"指向,让学生有"思"而"止"、有"口"难"言",学生的学习积极性自然受到打击,从而导致可能是很有价值的资源白白流失。当然,也就培养了不少"应声虫",教学中的学生动态生成资源没有得到重视。

2. 校内课程资源开发与校外课程资源开发结构失调

校内思想政治(品德)课课程资源的开发得到关注,但忽视了校外思想政治(品德)课课程资源对思想政治(品德)课教学的补充和深化作用。校外思想政治(品德)课课程资源主要是指家庭和社会德育课程资源。家庭课程资源包括家风、家庭生活习惯、家训、家长素质等,都可以视为德育课程资源,对其子女思想品德形成起积极作用。就目前而言,家长重智轻德现象比较严重,只关心孩子知识的掌握程度,学习成绩的高低,对孩子思想品德和心理状况关心较少,家庭课程资源基本处于闲置状态。社会德育课程资源极为丰富,它还包括图书馆、博物馆、科技馆、陈列室、青少年活动中心、工厂、农村、部队、政府机关、企事业机关、高等院校、科研院所等社会资源以及当地的乡土地理、自然资源、民间习俗、传统文化、生产和生活经验等乡土资源。很多学校自我封闭,与家长、社会缺乏沟通协调,没有把家长、社会作为重要的课程开发主体利用起来。家长和其他社会力量作为课程开发的主体也被忽略了。

3. 校内各类德育课程资源各自为营,缺乏整合协调

学校教育从来都是既教书又育人的,各学科蕴涵着丰富的德育课程资源。长期以来重视不够,没有发挥应有作用。一是非思想政治(品德)学科单纯讲授专业知识,尤其是理科教学中只讲公式、习题,丢掉了知识中蕴涵的科学精神和辩证法思想。二是各学科与相关德育内容断裂,不能将学科内容与思想品德教育内容有机结合进行教育。

体现在管理方面,学校各德育管理部门如宣传部、团委、学工部门、辅导员、班主任等负责第二课堂,存在“脱节”现象,造成德育课程资源的闲置浪费,这在开展德育活动中往往缺乏沟通、协作,各自为政,造成教育重叠、断层。作为学校德育工作主渠道的思想政治(品德)课程忽视在开发校内德育资源方面发挥主导作用,没有用思想政治(品德)教育的独特视角协调各学科、各德育管理部门的有效资源,为我所用。

4. 课程资源的开发存在着地区差异

从目前我国中小学的一般情况来看,课程资源的总体状况是:经济发达的东南部地区比经济欠发达的中西部地区优越,城市比农村优越,重点中小学比一般中小学优越。但就同一地区和学校而言,课程资源分布失衡的情况也相当普遍。因为人们往往容易把关注的重心过分集中在条件性资源的建设上,而恰恰忽略了对于教育质量更具决定意义的素材性课程资源的建设,教育现代化的物质外壳与丰富内涵之间严重分离了。

5. 课程资源开发没有因地制宜

在新课程改革实践中,很多学校创造性的开发课程资源,有效地促进了课程目标的实现,但有的学校存在脱离本地区、本学校实际情况的做法,有的学校为了追求表面工程,为了一时的名声不顾学校的实际财力大兴多功能教学楼、现代化图书馆等条件性资源。不仅没有提高资源的利用效率,反而给学校背上了沉重的债务负担。

(三)思想政治(品德)课课程资源开发利用在内容和实施方面存在的问题

思想政治(品德)课课程资源开发利用中内容较为封闭。表现在所有的思想政治(品德)课课程资源中,往往偏重思想政治(品德)学科应试资源和知识资源的开发,忽略了作为思想观念、政治观点和道德规范的情感、态度与价值观方面的隐性资源的开发利用;而在知识资源的开发中,又忽略学科知识的新进展,不能与时俱进;还忽略各学科知识之间的相互渗透和融合,远离学生的生活经验。

思想政治(品德)课课程资源实施的空间较为偏窄。从思想政治(品德)课程实施的活动空间来看,班级课堂是实施思想政治(品德)课的最主要场所,谈不上有专用教室、实验室和教育基地,许多学校甚至没建立"思想政治(品德)课程资源库",对图书馆的使用也不充分。社区服务、社会实践等活动因得不到重视或因无基地、无人力、无财力支持等原因,课程资源开发利用的过程相当艰难。

二、思想政治(品德)课课程资源开发利用不足的原因分析

(一)原有的应试教育思想与单一课程管理体制的影响

由于应试教育的影响和实行单一课程管理体制的原因,我国实行的是高度集中的统一的教学计划、教学大纲和教科书,思想政治(品德)课主要是国家课程,而地方课程和校本课程严重缺失。学校和教师完全执行指令性的课程计划,上级教育行政部门怎么吩咐,一线的教师就怎么教,所有的教学内容都是已经规划好的,教师面对课程没有自己的思考能力,没有自己的发言权,长此以往,教师即便是有自己的课程见解也会慢慢消失,教师就一直处于一种面对课程无能为力的状态,课程意识、课程能力极其微弱。教师没有作为课程资源开发的主体受到重视,一方面是上级教育行政部门没有赋予教师相应的课程开发的权利,传统的课程资源开

发是随着课程学者、学科专家研制出教材这一行为而结束的，教师根本就不用操心课程资源的开发。另一方面，也与教师自身的课程素质欠缺有很大的关系。这样，思想政治(品德)课无法反映经济社会和科学技术发展的及时信息，难以满足地方社会和学生个性的发展要求。

(二)缺乏制度保证和支持力度

目前，部分教育行政部门和学校领导的课程资源意识水平不高，对于课程资源开发利用的地位与作用不够重视，有的甚至不知道什么是课程资源。思想政治(品德)课是“小学科”，在应试教育思想的领导者眼里也只是“主科中的副科”而被忽视，因而课程资源开发所需的经费和物力得不到保障，这使得许多教师在进行课程资源开发时遭遇到来自“财政”的瓶颈制约。课程资源的开发、利用需要有强有力的教育评价支持，而在传统教育评价观指导下，国家统一考试的测试结果成为衡量学校办学质量的主要依据。许多政治教师在课程资源开发中花费了大量的时间和精力，但得不到应有的评价，使他们心灰意冷，丧失了持续开发的激情。

另外，思想政治(品德)课课程资源开发利用缺乏社会有关机构、团体及家庭的支持。学校、家庭和社区的德育课程资源开发利用缺少一种相互协作、共同成长发展的关系。对中小学生来说，家庭、社区不仅仅是一个生活场所，也是渗透道德价值的道德实践场所。新课程标准也提出，德育课程的教学内容应注重与学生生活和社会的联系，要把静态的教学内容和学生丰富多彩的现实生活联系起来。

思想政治(品德)课程的有效实施需要社会有关机构、团体及家庭的支持，有关机构、团体包括图书馆、博物馆、文化宫、少年宫、养老院等。思想政治(品德)课课程资源的开发与利用仅仅靠学校和教师的力量是不够的，还需要社会有关机构、团体和家庭的理解与大力支持。然而，由于多种原因，教师在教学中往往难以得到他们的理解与支持，比如家长不支持的情况在教学中就比较普遍。

(三)我国师范教育培训体系中课程理论的缺失

教师的职前培养和在职培训很少接触到课程资源的概念，因而缺乏对课程资源的开发和运用能力。不少教师只知道有教科书,不知道有课程,甚至把教科书当做唯一的课程资源,把课程改革仅仅视为教科书的改编,很多思想政治(品德)教师仅仅把自己当做思想政治(品德)课课程资源的使用者,忽视了自身也是课程资源的开发者。很多思想政治(品德)课教师已经习惯了传统的教学方式和生活方式,把课程资源应用于课堂教学中,必然要求教师变革业已习惯了的一整套教学行为,把思想政治(品德)课程资源开发与教学方式、学习方式的转变结合起来,这样会加重教师负担,这是教师不愿开发和利用课程资源的主要原因。

第三节　思想政治(品德)课课程资源开发利用的原则和方法

一、思想政治(品德)课课程资源开发利用的原则

(一)基本原则

原则规范着人们的行为,是正确行动的根据、尺度和准则。课程资源的开发与利用不是随意而行的,同样需要一定的原则来规范。从当前我国课程改革的发展趋势来看,凡是有助于帮助学生主动学习与和谐发展的资源都应该加以开发和利用。但究竟哪些资源才是具有思想政治(品德)开发和利用价值的课程资源,校内、校外、科内、科外各项资源如何有效融合,在理论联系实际,在实践中体验感受和运用,还必须通过筛选机制过滤、有效的协调整合和实践才能确定,这也是在思想政治(品德)课课程资源开发利用时遵循的最基本的原则,即筛选原则、协调原则、实践原则。

1. 筛选原则

课程资源尽管范围很广,但只有那些具有教育价值的资源才有开发和利用的价值,因此,在实际操作中必须坚持筛选原则。从课程理论的角度讲,至少要经过教育哲学、学习理论和教学理论这三个筛子的过滤筛选才能确定课程资源的开发价值。思想政治(品德)课课程资源的

筛选要注意做好以下步骤:第一,要注重对学生情况的了解和现有资源的调查。深入了解本地区的历史概况、民风民俗、自然景观、建设成就、英雄人物与事迹等,以便为检索系统、资料档案的建立提供依据。第二,要注意对各级各类资源进行筛选,选择对思想政治(品德)课教学有用的资源。在筛选过程中要注意选择有利于学生知识与技能,过程与方法,情感、态度与价值观发展的内容,选择有利于培养学生思想政治(品德)课学习兴趣的内容,选择“对学生生活有用”、“对学生终身发展有用”的内容,选择与政治教师的教学修养水平相适应的内容。第三,要根据思想政治(品德)课教学的知识体系对课程资源进行归类整理,分门别类地建成检索系统,制成思想政治(品德)课课程资源档案或者资源数据库,以便于查阅和管理。

2. 协调原则

思想政治(品德)课课程资源的开发要注意内外、科内外资源的有机结合,协调一致,充分利用。思想政治(品德)课课程资源的开发和利用不能只局限于校内,校外资源是校内资源的有效补充,二者的有效融合,往往可以产生意想不到的教学效果。协调机制建设的过程应该注意做好双向交流,一方面学校要善于发掘和运用社区及其他兄弟学校的思想政治(品德)课课程资源;另一方面,校内思想政治(品德)课课程资源也要向社区和其他兄弟学校开放。知识本身的高速增长和高度融合,需要我们在教学和课程资源的开发和利用中注意学科知识交叉与融合的实际,认真处理好科内、科外知识的关系,加强思想政治(品德)课课程资源与其他相关学科课程资源的双向互补和融合,有效利用交叉资源,以提高学生的知识迁移能力和综合运用能力。

3. 实践性原则

实践性原则是思想政治(品德)课程在实施过程中统领教学方式和学习方式的基本原则。思想政治(品德)课程的教学内容和价值取向,学生思想政治(品德)道德素质的形成发展及其教育过程,本身就具有极强的实践性。开发思想政治(品德)课课程资源应坚持实践性原则,是因为只有通过实践,才能实现体验,引导体验,而体验教育突出主体性,强调以人为本,有利于学生的探究性学习和实践能力的培养。

(二)具体原则

在对思想政治(品德)课各种课程资源进行筛选、协调和实践时还必须注意坚持以下具体的原则:

1. 目的性原则

根据思想政治(品德)课教学目标的需要,开发利用课程资源。一般来说,每一种课程资源因为特定的课程目标具有不同的作用和功能,不同的课程目标需要开发不同的课程资源。但是,由于课程资源本身的多质性,同样的课程资源又可以服务于不同的课程目标。所以,思想政治(品德)课课程资源的开发就必须在明确的课程目标的前提下,认真分析与课程目标相关的各类课程资源,认识和掌握其各自的性质和特点,围绕课程目标进行有目的开发、选择和利用。

2. 适应性原则

所谓适应性原则,是指思想政治(品德)课课程资源的开发不仅要考虑一般学生的共性情况,更要考虑当前特定地区、特定学校、特定年级、特定年龄段甚至特定班级教学对象的具体特殊情况,走特色化、本土化的道路。开发的课程资源必须适应课程标准的要求、学生的现状、教师的条件和社会的需要,切合中学思想政治(品德)课教学的实际,增强针对性,有的放矢地进行开发。

3. 教育性原则

课程资源不应该是简单的挖掘和堆砌,而应该在服从教学的过程中充分体现其所具有的教育内涵,能因地制宜、因时制宜地实现对中学生的思想政治(品德)教育和道德品质教育的价值选择。

4. 经济性原则

在我国当前对教育投入还不是很充分的情况下,必须坚持低成本高效益原则。思想政治(品德)课课程资源的开发与利用要尽可能用最少的开支和精力,达到最理想的效果,具体包括开支的经济性、时间的经济性、空间的经济性和学习的经济性。开支的经济性,是指用最节省的经费开支取得最佳效果,尽可能开发与利用那些不需要多少经费开支的课程资源。时间的经济性,是指应尽可能开发与利用那些对当前教育教学有现实意义的课程资源,而不能一味等待更好的条件或时机,否则就会影响新课程的实施。空间的经济性,是指课程资源的开发与利用要尽可能就地取材,不应舍近求远,好高骛远。校内有的不求诸于校外,本地有的不求诸于外地。学习的经济性,是指尽可能开发与利用能激发学生学习兴趣的课程资源。避免盲目性和形式主义,不能因开发利用课程资源而加重教师和学生在时间和精力上的负担。

5. 个性化原则

没有个性,也就失去了创造性。尽管思想政治(品德)课课程资源丰富多样,但是对于不同的地区、学校、教师和学生特点,可供开发与利用的课程资源具有极大的差异性。因此,课程资源的开发与利用不应强求一律,而应从实际出发,根据品德与社会课程的特点,发挥地域优势,强化学校特色,展示教师风格,扬长避短,取长补短,突出个性。课程资源的开发与利用本身就是一项极具创造性的实践活动。

二、思想政治(品德)课课程资源开发利用的基本途径和策略

由于中小学在办学条件和师资水平上存在着很大差异,因此,在课程资源的开发和利用上要从实际出发,突出重点,走自主开发、特色开发和共同开发的道路,并且在政策制度方面给予大力支持,把课程资源的开发利用逐步引向深入。

(一)自主开发

课程资源不会自动进入教学领域,需要能动地去寻找、认识、选择和运用。自主开发课程资源的主体既包括教师,也包括学生。在实现课程资源转变为现实课程活动的过程中,教师与学生是实现这一转变的能动主体。

1. 自主开发课程资源,应成为教师胜任教学的必要技能和基本素质

首先,思想政治(品德)课教师要树立正确的课程资源观。

课程资源观就是人对课程资源的态度和看法,它直接影响人们认识和开发课程资源的积极性,也影响课程资源开发的程度和效果。《基础教育课程改革纲要(试行)》指出,要使课程改革进入实际操作层面后,新课

程的教学改革取得成功,亟须加强课程资源意识。俗话说,"要革新,先革心",观念、思想是行为的先导。课程资源的开发和利用首先要树立正确的课程资源观。

正确的课程资源观对思想政治(品德)课教师开发课程资源起着导向、维持和监督作用,是影响课程资源有效开发与利用的关键因素。只有在正确的课程资源观的指导下,才能有效正确地开发相应的学科的课程资源。树立正确的课程资源观,增强课程意识、学生意识、开放意识、问题意识,要学会使用自己的权力,从课程的被动执行者变为编制、组织、实施、评价课程的主人。思想政治(品德)课教师要树立"大教材观",充分开发教材资源,既要重视条件性课程资源的建设,更要加强素材性课程资源的建设。学校要树立"大教育者观",充分开发利用人力资源,全面体现教育现代化的丰富内涵。

其次,思想政治(品德)课教师要成为课程资源开发利用的主体。

在所有构成思想政治(品德)课课程资源中,教师是起着主导和决定性作用的因素,是构成课程资源的开发主体,是课程资源开发的基本力量。教师作为课程资源建设的主体有两个方面含义:一是政治教师本身就是一种重要的课程资源,教师具有的知识、经验和专业技能是课程活动的重要素材,其水平决定了教师资源的品质,优秀的政治教师就是高品质的课程资源;二是教师能够有意识地根据学科特点开发和实施所需要的课程资源,不仅决定着课程资源的选择和利用,更是素材性课程资源的重要生命载体。

因此,作为一个自觉适应现代教学理念的政治教师,必须明确课程资源的范围及获取途径,要有"一切为了学生的发展"的开放意识,做到对各种资源的辨识、筛选,做到精益求精,在有限的教学时间内,确认形成课程的要素来源。政治教师要加强学习,学习先进的课程理论,具有课程资源开发的责任感与使命感,勇于创新,敢于突破陈规,革除陋习,不因循守旧,掌握开发和利用课程资源的技巧,形成自己独特的课程资源开发的视角和方法体系,自觉成为课程资源的开发者、创造者,推动课程资源内容开发的良性发展。

再次,思想政治(品德)教师应具备课程开发的必要技能和基本素质。

教师本身就是最丰富的课程资源的宝库。政治教师那睿智的谈吐、丰富的社会阅历、广博的文化知识,真诚细致的人文关怀、独到的人生感悟……都是学生终生受益、用之不竭的精神资源。有能力的思想政治(品德)教师的思维方式、心理素质、价值观念、教育思想、知识储备、技能技巧、人格魅力等,都能在课程资源的开发中不断吐故纳新,真正具有现实性和创造性。从某种意义上讲,教师的素质状况决定了课程资源的识别范围、开发与利用的程度以及发挥效益的水平。

思想政治(品德)课教师在课程资源开发利用中应具备的基本素质:

(1)以独特的眼光审视教材。关注时政热点问题,是政治教师开发教材资源的重要途径;政治教师要善于把握教材知识之间的内在联系,挖掘教科书的优势,填补教科书的局限性和空白;要善于挖掘政治教材外在的和谐功能,尽可能让政治学科的理论与其他学科的知识联系起来,启发学生在相关知识的系统中找到联系,扩充教材中的课程资源。

(2)要善于整合、提升资源的教育价值,创造性地使用资源。

(3)教师还要拥有教学机智,灵活驾驭课堂,激活、捕捉和运用动态生成性课程资源。

学生谈不出问题怎么办?

这是初一政治课中的一节活动课。教材要求学生欣赏几幅字画,其中有一幅是郑板桥的"丝竹图",许多学生说不懂国画,谈不出体会,课堂出现了冷场。

教师看到了这一情况,立即改变了思路,不再要求学生谈体会,而是从学生实际出发,从他们最熟悉的竹子入手来引导他们打开思路。教师出了一道题"由竹子所想到的……"要求学生由竹子展开多角度、多方面的想象。由于学生熟悉竹子,所以很快就进入了情境,学生们的发言变得十分踊跃。

学生说:"竹子的外形没有牡丹花那么华贵,它朴实无华。""竹子中空外直,好像人的品格——谦虚、正直。""由竹子的挺拔想到人的高风亮节。""竹子一年四季都郁郁葱葱,说明它不畏严寒,不畏酷暑。""竹子对人无所求——不需灌溉、不需施肥;给予人的却甚多——竹笋、竹竿、竹叶各有其用处。"还有的学生引用"墙上芦苇头重脚轻根底浅,山间竹笋嘴尖皮厚腹中空”,说有人华而不实。

学生各抒己见,精力高度集中,话就多了起来。说完了竹子再来看画,学生对画就有了理解与看法,发言更加热烈。在发言中学生们谈竹子、谈画,既陶冶了学生的审美情趣,又使学生懂得了许多做人的道理。

徐州市教育学会.新课程理念下教师课堂教学中的怎么办[M].北京:开明出版社,2003.

[点评]这个教学片段在学生大多不懂国画,谈不出体会时,老师没有简单地教学生应该怎样去欣赏,而是结合学生的实际生活,从他们最熟悉的事物出发,去引导学生感受事物。这样的教学就不是拘泥于教科书的教学,而是利用课堂教学中出现的新情况,捕捉、运用动态生成性课程资源,同时也是用活了教科书。

最后,思想政治(品德)教师要提高自身品德修养。身教胜于言传,用自身的德行去感染、影响、熏陶学生。榜样的力量是无穷的,教师的人格力量也是德育思想政治(品德)资源的重要组成部分,教师思维方式和风格会潜移默化地影响着学生,甚至教师能写一手漂亮好字,也会成为学生崇拜模仿的对象。

2. 自主开发课程资源,要求学生成为课程资源的开发主体

教育家苏霍姆林斯基强调,学生是教育最重要的力量,如果失去了这个力量,教育也就失去了根本。在开发课程资源时,我们要力求选择出来的课程资源是“学生化”的课程资源,这样学生才感到亲切,才能更好地融入进去。学生是开发和利用课程资源的主体,开发和利用资源的过程也是发展学生能力、提升思想政治(品德)素养的过程。

学生作为课程资源的开发主体,一方面,学生的知识与技能、能力及身心发展状况、生活环境、生活经验和学习经验、兴趣、学习的方式和方法、情感态度和价值观、既定的教育需求都是可开发的素材性课程资源。另一方面,学生也是课程资源开发的主体和学习的主人,应当学会自觉、自主地利用一切可用资源,为自身学习、实践、探索性活动服务,教师要充分调动学生的主动性、积极性,发挥学生在政治学科课程资源开发中的骨干、带头作用。

思想政治(品德)教师应该努力做到:

(1)善于利用学生的社会生活信息。学生获取教学信息的渠道是多种多样的,教师要善于把学生已经掌握的和能够发现的信息,作为课程资源,以使教学内容更丰富,贴近生活和学生。

(2)利用学生个性化的思维方法和多样化的探索成果。教师要有意识地把学生个性化的思维方法和多样化的探索成果转化为一种课程资源,使敢想、敢说的学生得到充分的肯定和鼓励,同时也拓宽了其他学生的思路,这样不仅使学生在知识技能方面得到充分提高,而且在思维方法上也会得到有效的训练。

(3)注重学生的亲身体验。通过活动情景的创设和利用,激发学生活动热情,引导学生在交流活动中获取知识、陶冶情操、发展完善的人格。

(4)寻找学生动态生成资源,拥有数量丰富的课程资源储备。教师在授课过程中,能考虑到自己的表达方式、教学技巧,注意到学生的反应、学生的提问、学生的错误;教师在对学生进行评价时,也能考虑到学生的反应、自己的措辞、评价的意义等问题;走出课堂之外,教师还能留意学生现实生活,尤其重视学生自身的兴趣、经验和活动中的发现、体验等动态生成性资源。这样的教学又能进一步增加学生的感受和体验,使他们学习的自主性和积极性得到发挥,从而提高解决实际问题的能力。

(二)特色开发

对于不同地区、学校、学科和教师,可开发利用的课程资源具有极大的差异性,在开发利用课程资源时不宜强求一律,而应从实际出发,体现特色、发挥优势。地域特性、民族特性和文化特性是特色开发中应予关注和挖掘的主要内容。

1. 因地制宜,开发利用地方思想政治(品德)课课程资源

(1)充分开发所在地区自然、人文环境中的思想政治(品德)课课程资源。我国幅员辽阔,人口众多,不同地域、不同民族之间的文化差异很大,一本教科书不可能全国适用。这就需要我们的教师从本地的实际出发,开发和利用好本地资源。大自然是学生生活的重要组成部分,蕴藏着鲜活的政治课程资源,学生在与自然的亲密接触中,感受到自然的伟岸,接受了自然的洗礼,是陶情怡性的德育课程资源。充分挖掘本地区的自然资源、人文资源，把思想品德教育与热爱自然、热爱科学、保护环境等科普知识、地域文化知识教育有机结合起来，为学生走近生活、自主进行资源探索提供丰富的实践机会。

(2)善于挖掘当地风土民情中的思想政治(品德)课课程资源。全国各地的风土民情不尽相同，特别在一些农村地区、边远地区和少数民族地区，那里的民风民俗更具特色，更为吸引人，我们可以充分利用这些为当地孩子所知所熟的民风习俗，加入品德教育，开发出新的德育课程资源。这样做不仅充分调动了当地现有资源为德育所用，而且也真正体现了德育课程改革“回归生活”的教育理念。

(3)依托革命老区资源发展思想政治(品德)课课程资源。目前我国不少革命老区因为交通闭塞等原因，经济发展较为缓慢，很难实现对课程资源开发与利用上的大量经济投入。这就需要教育工作者充分挖掘地区优势，开发新资源。如举办相关的系列主题活动，采用采访、讲座等形式，充分依托老区资源，采取与学生的生活息息相关的形式，自然就会受到学生欢迎。在活动中也就很容易就达到弘扬民族精神，增进爱国情感，提高道德素养的德育效果。

2. 依托社区、学生家长资源，开发利用思想政治(品德)课程资源

(1)社区、家庭是可以依托的课程资源。社区、家庭蕴藏着丰富的课程资源，学校的教育需要社区、家庭的支持，社区家庭环境与氛围对学生的成长有极大的影响，甚至关系到学生的一生。尤其是家庭这一丰富的资源理应受到学校和教师的足够关注，并争取在课程层面得到落实。

(2)搞好家长培训，参与学校教育。要根据家长的不同文化层次，采用相应的教育案例对家长分期分批集中培训。使家长知道新课程的一些基本理念，了解家庭教育对子女良好人格的形成所产生的深远影响，转变家长的人才观、教育观，形成与学校教育和谐的家庭教育氛围。学校每学期可以组织父母到子女所在班级参观授课，安排家长参加评教评学，与教师开展谈心活动，增加家长与教师的联系，使学生家长成为新课程的积极参与者。

(3)开发利用社区课程资源。首先，组织学生走进社区。学校应组织一系列活动，让学生走出校园，走进社区，以达到社会实践和社区服务的教育目的。其次，邀请社区人士走进来。一方面学校应打开校门欢迎社区人士来学校学习、参观;另一方面,学校应根据社区人士和家长资源状况,积极组织社区人士和家长参与学校的教学计划。再次,学校—社区联合。每年学校和社区可以搞一些大型的联合活动,不但有助于促进学校和社区的合作,也能够让社区的居民、家长、教师和学生感受到合作的氛围,真正让学校和社区融为一体。

3. 强化思想政治(品德)课课程资源的学校特色

校内课程资源包括校内的各种场所和设施,包括反映学校文化的各种无形的资源,与教育教学密切相关的各种活动,校内课程资源是实现课程目标,促进学生全面发展的最基本、最便利的资源。但各学校的课程资源存在着极大的差异,应强化本校校内以及所在地的特色,结合教学实际进行充分的挖掘和利用。

学校硬件条件相当好,现代化水平非常高,计算机已经普及,那么就可以在信息化课程资源开发方面多用点心思;学校图书馆藏书量大,那么就可以通过学生走进图书馆等教学活动开发文字及图片类的课程资源;学校所在地靠近爱国主义教育基地,则可充分挖掘其中的教育资源,为教学服务。当然,学校文化是深厚的特色课程资源,它作为一种潜在的、弥散在学校每个角落的课程资源,对课程和学生发展起着潜移默化的持久作用。开发这样的课程资源,不仅促进了学校自身品质的发展,形成办学的品牌,还使学生在精神层面获得了升华。

4. 体现新型师生关系的特点

教学是“教”与“学”的有机统一,是师生交往、积极互动、共同发展的一段生命历程。这迫切要求在教学中不仅要重视“教师教”,而且还要重视“学生学”。教师和学生的生活、经验、智慧、理解、问题、情感、态度、价值观等都是课程资源的要素,一旦让它们进入教学过程,就成为课程的重要建构者,发挥着课程资源的作用。从实际出发,注重个性和创造性,可以增强课程资源利用的针对性,充分发挥好学生这一人力资源的作用。为此,需要注意建立一种以师生个性全面交往为基础的新型师生关系,它要求教师和学生在人格上是平等的、在交互活动中是民主的、在相处的氛围上是和谐的。它的核心是师生心理相容,心灵的互相接纳,形成师生至爱的、真挚的情感关系;教师要关注每一位学生,关注学生的情绪生活和情感体验,关注学生的道德生活和人格养成;教师要引导学生改变原有的单一、被动的学习方式,建立和形成旨在充分调动、发挥学生主体性的多样化的学习方式,促进学生在教师指导下主动、富有个性的学习,以培养创新精神和实践能力。

(三)共同开发

就课程资源结构而言,课程资源的开发与利用,是一个系统工程,既有宏观层面上的合作开发和整合利用,又有微观层面上的体验式教学和探究式教学,即教学中教学模式的选择关注课程资源的开发利用。

1. 合作式开发,建立学校内部、学校与学校之间以及学校与社区之间的课程资源共享机制

不同的课程资源对学生来说有不同的价值,这就要求课程资源的开发与利用要打破课程资源结构单一的局面,完善和调整课程资源结构,合理建构课程资源的结构和功能。

在课程资源开发的主体上,除了肯定学科专家的学术成就外,也要充分地意识到教师、学生、家长、社会力量在课程资源开发与利用的主体地位,意识到这些群体在课程资源开发中的丰富性与适切性的意义。吸收教师参与课程资源的开发与利用,允许教师对已开发的课程资源做进一步的解读与发挥。鼓励学生参与课程资源的开发与利用,珍视学生的个体知识、经验、体验、情感。吸收家长和其他的社会力量参与课程资源的开发与利用,最大限度地开发和利用课程资源。同时,学校与学校之间可以在特色课程、专业教师以及场地设施等课程资源方面广泛地开展合作,优势互补。如对高中思想政治课在选修模块领域,可以合理地安排校内“走班制”和校际之间的“走读制”。

2. 整合式开发,建立思想政治(品德)课多种课程资源的共建整合长效机制

(1)对学校内部的课程资源进行整合,因地制宜,以适应学生日益个性化的学习需要。不仅注重显性课程资源的开发利用,更要注重隐性课程资源的开发利用,如教师群体特别是专家型教师、师生关系、班级组织、学生团体、校纪校风、校容校貌等;与教育教学密切相关的各种活动,如讨论、文艺演出、社团活动、体育比赛、典礼仪式等。要利用好这些资源,就要求教师积极参与这些活动,做个有心人。同时,要注重各学科所渗透的德育功能的整合。新一轮基础教育课程改革期望推动学校教育将立足点真正从传递知识调整到促进人的全面发展,在各学科课程标准中都强调实现道德及价值观教育目标,强调培养学生积极情感体验的态度目标,要求尽可能全面、深入地挖掘、展示不同学科在实现道德教育上的不同价值。在具体的教学实践中,学科德育可以通过挖掘各学科的德育课程资源展开道德教育和将学科德育与思想政治(品德)课相互结合等途径来实现。

(2)信息技术与思想政治(品德)学科教学活动的整合。在整合的过程中,只有教师和学生共同开发课程资源,才能实现资源利用的最优化。现代化传播媒体是当代教学活动的重要特点,网络不仅是课程资源共享的手段,而且它本身就是一座具有巨大发展潜力的课程资源库,应该成为课程资源开发、利用和交流、共享的重要平台。思想政治(品德)课的教学内容时代性强,具有开放性、发展性的特点,而互联网是世界上最大的知识库、资源库,它拥有最丰富的信息资源。充分利用网络资源和网络工具等现代化技术手段进行思想政治(品德)课教学,不但可以充实教学内容,解决教材滞后的问题,还可以丰富思想政治(品德)课的教学手段,拓展传统课程的学科化和知识化的局限,提高思想政治(品德)课的教学实效。这里需要教师根据学生主题学习内容对网上的信息去粗取精、去伪存真;也可以在本地资源区为学生提供与主题学习相关的导航链接,使其直接到相关网站获取所需的信息资源。可以充分利用学校局域网,设计"教学主页",建立思想政治(品德)学科课程资源库,形成网络教学资源环境。教师和学生还可充分利用BBS论坛、电子邮件、聊天室系统、公告板、视频会议系统或网上在线交谈等网络协作学习系统,搜集、筛选、交流、利用课程资源。

3. 体验式教学,促使学生个性、情感、意志、态度进入课程资源

所谓体验式教学是指在整个教学过程中,学生以教材为载体,以已有的生活经历和知识为依托,在教师的引导、点拨下,自主参与、自我体验、互相合作,从而获得知识、发展能力、健全人格的过程。体验式教学作为一种教学方法和教学过程,它要求学生在教学活动中用眼、耳、鼻、手、脑等多种感官去体验,如身临其境;并从中获得种种发现,开启智慧,增长才干,达到发展自身的个性、情感、意志、态度,促进全面发展的目标。

思想政治(品德)新课标实行"知行统一"的教学原则,强调"社会实践是本学科不可缺少的部分",基于思想政治(品德)课实践性很强,要注重培养学生理论联系实际的能力,就必须为学生创造和提供可以选择的实践资源。教师可以根据课程目标,有针对性地让学生参与一些实践活动,培养学生实践主体意识,激发其学习积极性,而且可以培养掌握和运用知识的态度和能力。采用这种方式,教师要注意分析课程目标,确定适合学生身心特点的实践活动类型;在实践活动过程中,要加强引导并给予必要的调控。让学生在自我探究中主动求知、快乐求知,走向"感悟—体验"的境界。在"社会即课堂"的大课堂教学观指导下,通过开展课外实践活动提高学生对教材学科知识的理解运用和培养综合能力。在教与学的基础上不断地提高学生的实际处事能力,真正促使每一位学生成为"学习活动的主体、个体生活的主体和社会生活的主体"。

4. 探究式教与学,能够实现教师和学生对课程资源的广泛开发、利用和共享

按照《牛津英语词典》中的定义,探究是"求索知识或信息特别是求真的活动;是搜寻、研究、调查、检验的活动;是提问和质疑的活动"。探究包括多方面的活动,如观察审视、提出问题、查阅书刊和其他信息资源、需要设计调查方案、需要运用各种手段来搜集、分析和解读数据、把自己的看法和成果传达给别人等。但无论是怎样的探究方式,都能够实现教师和学生对课程资源的广泛开发、利用和共享。

"消费之我见"课堂实录(片段)

课前准备:社会调查,重在体验。

分组调查探究:第一组为"生活变迁调查组";第二组为"消费误区调查组";第三组为"中学生消费状况调查组"。

教学过程:

[导入新课]

教师:同学们,前一段时间我们作了一个关于消费方面的社会调查,经过老师和同学们的整理,现已有了结果,但由于内容多,时间紧,我们不能一一展示,今天我们就派几位代表向大家汇报调查汇总结果。有请第一组(生活变迁调查组)代表上台展示。

第一组的三位同学分别身着五六十年代的军装,七八十年代的中山装和现代时髦女孩的裙装;手捧窝头、咸菜、馒头、现代时髦零食和饮料走向了讲台,用实物的形式向大家展示生活的变迁(此时其他同学不知这三位同学葫芦里卖的是什么药,注意力全被吸引过来,有的同学在掩嘴而笑,很显然同学们的情绪已被调动起来)。

实物展示完毕后,三位同学又以课件的形式,用具体数字和图片来反映家庭耐用消费品的品种和数量的变化。

教师:第一组同学用实物和具体数字的形式向大家做了汇报,形象、具体、生动,非常好！现在我想问你们两个问题好吗?(三位同学点头表示同意)

在调查和整理这些材料的过程中,你们有什么感受?

有没有遇到疑惑的问题?

代表一:我们明显地感觉到生产发展了,生活水平提高了,人们的消费观念和消费方式也随之发生了变化。但面对一些消费观念和消费方式,我们像雾里看花、水中望月,弄不清楚是对还是错。

教师:那今天我们就借大家的慧眼来共同探讨对消费的一些看法。(教师写上本节课的话题"消费之我见")

教师:请把你们组最想解决的一个疑惑问题写在黑板上吧。

代表一(板书):面对存款消费和贷款消费,我该如何选择?为什么?

教师:我们对第一组的同学表示感谢！现在有请第二组代表(消费误区调查组)展示本组调查结果。

展示内容(图片,大吃大喝、众多的补药等)。

代表二:同学们,从我们组调查展示的内容可以看出:有的人保留着一些不健康、不文明的消费习惯,虽然富起来了,却有钱不会花、有钱胡乱花。有的膳食不讲科学,烟酒无度,滥吃乱补,结果造成营养失调,出现许多"富贵病",还口口声声地说"我有钱想怎样花就怎样花"。

代表二(板书):我有钱想怎样花就怎样花?"这就是我们组想讨论的问题"。

教师:第二组同学观察问题非常敏锐,提出一个带有普遍性的问题。"我有钱想怎样花就怎样花"确实代表了社会上一部分人的消费观念。

现在有请第三组(中学生消费状况调查组)代表上台展示调查结果并写下要解决的疑惑问题。

多媒体展示内容(略)。

代表三:"刚才大家看到的是我们组对'五一'期间100名中学生各项消费内容的具体的数字统计。我们可以看出现代中学生既注重服装、食品等物质方面的消费,也注重文化用品、娱乐等精神方面的消费;从物质消费和精神消费所占的数额比例看,他们更注重精神消费。我们组在分析出现这种现象的原因时,绝大多数同学认为这与生活水平的提高、时代的特点有关,这种消费是合理的。"

代表四(第三组的另一代表):"大家刚才有没有注意在我们的调查内容展示中,有一项是关于名牌消费的调查,它在各项具体内容的消费中所占的比例尽管不同,但大约都在38%左右,有消费名牌意愿的同学占78%左右。对中学生是否该消费名牌,我们组进行了激烈的争论,但最后没有达成共识,今天想听听大家的看法。"

教师:第三组同学有具体的调查数字,有分析,有结论,很好!请把你们的疑惑问题写在黑板上。

代表四板书:中学生是否应该消费名牌?为什么?

……

北京丰台二中赵爱香供稿

[点评]本教学案例在学生课前进行了社会调查的前提下,教师在课堂中利用学生在调查时的感受和问题进行探究式教学,在教学方式和学习方式上充分挖掘学生课程资源,调动学生的学习积极性,培养学生观察、分析社会现象的能力。教师在教学中引导学生在情感、态度和价值观上树立正确的消费观念和意识。

思想政治(品德)课课程资源极为丰富,它不限于传统意义上的教材,而是存在于生活的方方面面,发生于社会生活的每时每刻。作为一项社会性系统工程,学生、教师、学校、家庭、社会和各级政府部门都应参与到对全面、系统、科学的课程资源系统的构建当中,充分利用各类德育课程资源,促进德育回归生活,让学生在真正的生活中也得到科学正确的德育,并能够通过日常生活检验、反馈、修正他们的道德品质,这样才有利于学生的全面发展。

思考题

1. 何为课程资源？思想政治(品德)课课程资源包括哪些种类？

2. 新课程改革对思想政治(品德)课课程资源的开发提出了什么要求？课程与课程资源的关系如何？

参考文献

[1] 何芳,吴艳玲,樊莹.初中课程资源开发和利用的实践智慧[M].北京:高等教育出版社,2004.

[2] 黄翔.论基础教育和谐发展:基于课程的视角[J].教育研究,2006(4):19-23.

[3] 思想政治课程标准研制组.普通高中思想政治课程标准(实验)解读[M].北京:人民教育出版社,2005.

[4] 孙刘华.让思想政治课程资源"优"起来——浅谈新课改后思想政治课程资源的开发和利用[J].现代中小学教育,2005(12):9-11.

[5] 姚敬华.思想政治课课程资源开发现状·纬度·原则[J].中学政治教学参考,2005(10):21-24.

[6] 张文军,李云淑,王俊.高中课程资源开发和利用的实践智慧[M].北京:高等教育出版社,2004.

拓展阅读文献

[1] 孙元春.谈课程资源开发的三个维度[J].当代教育科学,2004(15):29-30.

[2] 吴刚平.课程资源的理论构想[J].教育研究,2001(9):59-71.

[3] 吴刚平.课程资源的开发与利用[J].全球教育展望,2001(8):24-30.

[4] 吴刚平.普通高中开发和利用课程资源的基本思路[J].当代教育科学,2003(20):8-12.

[5] 闫守轩.学生:不容忽视的课程资源[J].当代教育科学,2003(16):13-15.

第六章　大力提升教学基本技能

——思想政治(品德)高效课堂构建的坚实基础

扎实的教学技能,是教师构建高效课堂的坚实基础。作为思想政治(品德)课教师,要大力提高语言运用技能、板书设计技能、课堂提问技能、课堂举例技能、新课导入技能等。

第一节　思想政治(品德)课课堂提问技能

课堂提问作为课堂教学的重要组成部分,对提高教学效果起着很重要的作用,无论是哪一种教学方法,都离不开课堂提问。自古以来,优秀的教师总是善于在课堂上运用“提问”来启迪学生的心智,引导学生获得知识。由此可见,我们不能忽视“问”。教师要努力树立提问意识,养成提问习惯,培养提问能力,提高提问效果。高中思想政治课,因为其内容理论性较强,概念较为抽象,趣味性较差,如果教师仅仅在课堂上空洞说教,照本宣科,学生必然感到枯燥乏味,从而影响到教学效果,所以政治课教学过程中要更加注意课堂提问的技巧。

教师在思想政治(品德)课中能紧扣重、难点,简洁明了,难易适中,恰到好处地提出一些问题,并非一件容易的事情。

一、课堂提问的功能

(一)通过提问可以提供教学反馈信息

通过教学提问活动,教师和学生可分别从中获得对各自有益的反馈信息,以作为进一步调整教与学活动的重要参考。如教师可以通过提问,了解学生对知识的理解程度,检查学生对所教的重点内容的掌握情况,探明学生知识链条上的漏洞和产生错误的原因,全面掌握学生的个别差异和个性特点,反省自己教学中的不足或错误等,然后再根据从提问中得到的反馈信息,灵活地调整后继的教学活动。同时,学生也可能通过答问,从教师那里获得评价自己学习状况的反馈信息,在学习中不断审视自己,改进自己的学习态度、方法、习惯等,使自己后继的学习活动更富有成效。所以,每次上新课之前通过提问的方式来回忆前一节课的内容,这样不仅会让学生认真复习,也让教师了解了教学的效果。

(二)适时的提问可以集中学生的注意力

在课堂教学中,由于各种因素的影响,学生往往注意力不集中,容易被一些与教学无关的事情所吸引。教师可以通过巧妙的提问,集中学生的注意力,并将无意注意引导到有意注意上来,实现有意注意与无意注意的有机结合,使学生认真听讲,提高教学效率。

(三)通过提问可以促使学生思考,加深问题理解

没有问题,就没有思维。教师的每一次提问,都给学生一次思考的机会。著名教育家叶圣陶先生说过:“宜揣摩何处为学生所不易领会,即于何处提出问题,令学生思之。”教师的提问应该切中学生的疑惑之处,设置悬念,启发学生积极思维,自然而然地深入到课堂学习中去。

例如,在学习矛盾普遍性与特殊性的关系时,教师用多媒体给学生展示了公孙龙的《白马非马论》,尽管学生对这个典故比较熟悉,但看完后还是忍不住哄堂大笑,课堂气氛一下活跃起来,教师立即设疑:白马是不是马,马是不是就是白马?白马和马是什么样的关系?

诚然这个问题很简单,设置的目的只不过是吸引学生的注意力和导入思维。学生思考回答后教师立即又逐步设问:

(1)白马和马谁是特殊性,谁是普遍性?

(2)不管在什么情况下白马一定是矛盾的特殊性,马一定是矛盾的普遍性吗?如不是请举例说明。

(3)结合马和白马的关系说说矛盾的普遍性和特殊性是什么样的关系?

由于学生对白马和马的关系易于理解,所以在这个基础上理解矛盾的普遍性与特殊性的关系就不再困难,而且还比较形象。又由于这个典故比较有趣,所以很快就吸引了学生的注意力和探知欲望。

教师通过这个典故,设计问题,循循善诱,促使学生递进思考,积极探究,不仅帮助他们愉快轻松地掌握了知识,而且还锻炼和提高了他们思辨和分析问题的能力。

然而在现实的教学实践中,教师在进行教学提问时存在着明显的不足。例如,教师为了提问,忽略了提问的质量,缺乏对学生思维实质性的激发,单纯为了提问而提问,大量的无效提问充斥着课堂。其结果必然是降低学生的思维品质,限制其思维主动性的发展。并且,在大多数教师的观念中,对教学提问的认识也有很多误区,如认为提问是一种自然的教学行为,不需要计划;教师提问得越多,学生学到的越多等。

二、课堂提问的类型

(一)回忆型提问

回忆型提问是利用事实问题让学生追忆所学过的事实和概念,主要目的是检查学生的记忆情况,具体表现为提问学生能否记忆具体的原理、方法论等。其提问的表现形式为:是什么、为什么、举例说明等。但要注意的是识记水平的提问实际上就是对基本事实的提问,在提问中它所占的分量应处理得当。作为知识的简单机械的重复,过多的这类提问,不能激发学生的思考,从而也束缚了学生的发展,自然也降低了学生的学习兴趣。

例如讲到高一的经济常识“债券和商业保险”时,教师设计了这样两个问题:回忆我们已学过的投资方式有哪几种?学生答:股票、储蓄;假如你的父母有一笔暂时不用的钱,你将建议他们怎样更好地处理这笔钱?之后将学生的回答写在黑板上制成一张表格,从而分别比较储蓄、债券、股票、商业保险的异同。这样,既突出了本节课课堂内容的重点难点,又起到了承上启下、导入新课的作用,互相呼应,相得益彰。

(二)理解型提问

理解型提问是指教师为检查学生对所学知识理解的程度而提出的问题。理解型提问不仅可以培养学生洞察和掌握知识本质特征的能力,而且还可以训练学生的语言表达技能,它考查的是学生是否把握所学材料的意义,此时的提问已超越了记忆,具体表现为提问学生能否概述和说明所学的材料,能否用自己的语言来表达已学的内容。例如,在讲到《树立正确的消费观》一框内容时,教师用多媒体展示我们身边的一段对话:

儿子:"老爸,我同学家装新居时,都买了背投电视、笔记本电脑和进口音响,还称之为'新居新气象'。咱家也去买吧!"

爸爸:"好,儿子,你放心,咱家也有这打算!"

妈妈:"我看你们父子俩头脑发热了吧,这房子的贷款还有十万呢?不用还啦?"

儿子:"啊?还欠这么多钱啊!"

教师请学生出来表演这段对话。紧接着,教师就提出问题:儿子的话体现了一种什么消费心理?假如你是这位"儿子",你会怎么做?攀比心理在中学生中蔓延,教师借助学生身边的对话,从学生内心出发,引出课本中种种消费心理的理论知识,并由学生自发地得出在这种消费心理的影响下会有何严重后果和应该树立怎样的消费观。

(三)运用型提问

运用型提问考查的是学生能否将学习所得运用于新的情境,此时的提问已达到了较高水平的理解,具体表现为考查学生能否应用概念、方法、规则、原理去解决实际问题。运用型的提问能训练学生运用所学知识解决问题的能力,能够鼓励学生参与实践,在实践中更加深入地理解和运用所学的知识。实践出真知,没有实践和运用,所学的知识就会苍白无力。

例如,在进行《思想道德修养与科学文化修养》这一课教学时,为了引导学生探究科学文化修养的根本意义,教师播放了一段视频:2008年感动中国的人物李桂林和陆建芬夫妇的支教事迹。就在学生的情感被视频中主人公的事迹深深牵引,内心世界正在接受一次神圣的洗礼的时候,抛

出事先设计好的问题:

(1)去那么艰难的地方支教,是李桂林和陆建芬的义务吗?(这个问题的设计只是诱思探究目标的一个切入口)

(2)那么他们的这种行为反映了他们一种什么样的精神面貌呢?

(3)结合他们的事迹思考,你们觉得我们进行科学文化修养的目的应是什么呢?

通过这个视频和相关问题的设置,教师成功地诱发了学生的思维和探究的积极性,不仅使学生掌握了知识要点,还提高了他们归纳运用知识的能力,更重要的是,他们的精神境界也得到了一次升华。使他们在切身体验和感悟中达到"掌握知识,发展能力,陶冶品德"的三维目标,真可谓既启智又悟道。

(四)评价型提问

评价型提问主要是要求学生对给出的问题能进行一些分析和判断,提出自己的见解和看法。这要求学生对知识有一个很好的理解和掌握,才能有自己较准确的评价。如:"中学生上网有何利与弊?""经济全球化给世界带来了哪些利与弊?""科技的迅速发展有弊端吗?"

(五)综合型提问

这类问题的作用是激发学生的想象力和创造力。通过对综合提问的回答,学生要在脑海中检索与问题有关的知识,并对这些知识进行分析和综合,从而得出新的结论,有利于思维能力的培养。如:"我们如何培养自己成为二十一世纪合格的新型人才?""请你谈谈对美国攻打利比亚的认识,美国这是一种什么行为?美国为什么要这样做?你认为可以怎样妥善解决这一问题。"

三、课堂提问技能的基本要求

(一)要目的明确,难易、数量适中

教师应该根据教学内容、教学目的来设计问题,要有明确的目的,使

学生通过回答掌握所学知识；不能为了提问而提问，如果离开了教学内容、教学目的而提问，就变成了形式主义，是不可能顺利完成教学任务的。

教师的提问，既不能太难，也不能太易，应该是让绝大部分学生在认真看书、深入思考后才能回答出来，使学生“跳一跳”，才能“够得着”。问题过难，或脱离书本，学生无法回答，就会望而却步，这样就会挫伤学生思考和回答问题的积极性；问题过于简单，学生无需思考就能回答出来，就无法培养和提高学生的思维能力。知识发展本身有渐进性，因此，设计问题要符合学生的思维认知规律，由易到难，由简到繁，由浅入深，层层递进，像攀登阶梯一样，步步升高，逐渐推进，以引导学生的思维随之攀登，并向纵深发展。例如在学习《处理民族关系的原则：平等、团结、共同繁荣》一课时，教师可以设计这样的台阶式问题，让学生思考：

(1)我国有多少个民族？

(2)民族间的状态是怎样的？

(3)为什么会形成这种民族关系？

这种梯度提问，学生悉心体会，水到渠成，它可以使学生有思考的机会，有利于调动学生的思维积极性，使他们自然地了解到学习的内容和主题，从而收到良好的学习效果。

另外，注意所提问题的密度要适中。提问过少，教师讲的过多，学生缺少参与课堂教学的机会，就难以调动学生学习的积极性。适当提问学生，可以帮助学生在独立思考中学习知识，反之，则不利于学生学习。适度的课堂提问具有诊断学习、激发兴趣、集中注意、启发思维、反馈调控等教学功能。然而，有关研究表明，目前中学课堂变原来的“满堂灌”为“满堂问”，“问题”满天飞。这种高密度的提问，使学生总处于被牵着鼻子走的地位，他们只是忙于回答教师的提问，并不能真正进行冷静、认真、独立的思考。所以，教师要严格控制提问的问题的数量。

(二)要启迪思维，讲求实效

少提封闭型、回忆性问题，多提开放型、思考性问题。封闭型、回忆性问题容易限制学生思维想象的空间；而开放型、思考性问题，要求朝不同的方向思考，有大量的不同答案，或根本就没有固定的标准答案。教师的提问应该能够启迪学生的思维,激发学生的学习兴趣,使学生全身心地投入到学习中去。教师提出问题后,不要马上让学生回答,而是要让学生有一个思考的过程,让全体学生都处于紧张的思维状态之中,等大家思考一番,再让学生回答,训练学生的思维能力;要鼓励学生各抒己见,畅所欲言,对学生的正确回答,要加以肯定,给予表扬,增强学生学习的信心;对于回答不准确或不正确的,要耐心诱导,启发学生作出正确的回答,切不要厉声指责,讽刺挖苦。特别是有些教师让一些学习、纪律表现不好的同学回答问题,回答不出来,或回答错误,就给予惩罚,以此来维持班级纪律,这样做会使学生产生反感,拒绝回答教师提出的问题,就会降低学生的学习兴趣,打击学生回答问题的积极性,影响学生的学习情绪和信心。

提出的问题要和学生已有的知识经验相联系,使学生有条件、有可能去思索。课堂提问要问得恰到好处,搞好课堂提问是政治教师在课堂教学中要研究的课题之一。教师在课堂上的提问要有意识、有目的地设置问题情境,才能引起学生的认知冲突,激发探究愿望。课堂教学是一个由教师、学生、教材等要素构成的系统,这些要素相互联系、相互依赖。教师通过提问了解学生对知识的理解程度,学生从教师的提问中检查自己的学习效果,这样可以扩大师生间的信息交流渠道。提问是教学过程中培养学生思维能力的重要手段。课堂提问给学生提供了思考的机会,也给学生自己发现问题、质疑问题提供了范例,同时能使学生的语言表达能力得到培养和提高。课堂提问不宜过多,要避免满堂问,不能把启发式教学片面理解为教师问、学生答。在课堂中过多过滥地提问,为提问而提问,不利于学生分析问题、解决问题,不利于学生独立思考。因此,课堂提问应该在教学的关键处,在重点、难点处。

(三)要面向全体,因材施教

教师的课堂提问应该面向全体学生。设计问题时要有一定的梯度,让每个学生都有开动脑筋回答问题的机会,调动全体学生积极参与学习;切不要定人而问,不能总是让少数几个好生来回答问题,而剥夺了其他同学的学习权利。“孔子教人,各因其材。”千百年来,因材施教已成为了公认的教学原则,在今天仍是教学的最高准则,自然也是政治课堂教学的最高准则。在现代的教育模式下它被赋予了新的意义,这里的“材”有两层含义:一是讲授的内容,二是讲授的对象。因此,教师课堂提问要根据不同学生的实际,设计出难度不同的问题。引路性提问,要多问优等生,锻炼性提问照顾中等生,鼓励性提问要考虑后进生,以调动各层次学生学习的积极性。总之,课堂提问要让每个同学都有启迪,要使人人主动进取,使课堂变成学生施展才华的场所。

(四)提问后要给予恰当的评价

教师提问学生后,有一种现象应引起我们的重视,那就是对学生的回答没有反馈。学生回答完成后,不予评价指点,一句“坐下”,让学生心凉了半截,其回答问题的积极性荡然无存。心理学上有一条基本规律,即人的活动是由其结果所调节的,这是美国著名的心理学家桑戴克所提出过的“效果律”。一个人对他的活动知道与不知道结果,效果是极不相同的。当然,评价绝不是简单地说“很好”、“错了”等,特别是否定性评价,切实可行的办法是在鼓励中给予纠正。每提问一个学生,都必须通过有效评价,使其有所收获。要让学生“在希望的田野上”奔走,而不要让他们走“迷茫的小路”。要让学生感受置身于“问题”之中的乐趣,在“问”与“答”之中增长知识,锻炼能力,提高觉悟。

《基础教育课程改革纲要(试行)》中提出,“改变课程评价过分强调甄别预选拔的功能,发挥评价促进学生发展、教师提高与改进教学实践的功能。”这个新的理念就是发展性评价,即用发展的眼光看待每一个孩子,激励每一个学生。

教师要从以下几个方面对学生进行评价:

第一,教学评价以鼓励为主。从心理学的角度讲,良好的情绪能促进个体智能的发展,这时人的思维敏捷,记忆力强,学习效率高,而情绪低落时,则思维迟钝,记忆困难,学习效率低。所以教师在课堂教学中,不能吝啬赏识和激励,要用发展的眼光来对待孩子的表现。

在课堂上,学生在交流和讨论时可能会出错,但教师不能大声呵斥,而应该引导他们怎么改正自己的错误。在老师和风细雨式的鼓励下,大多数的学生会打开思维的大门,说出正确的观点。当学生收获到被赏识的快乐时,他们就会没有心理负担,积极地投入学习,认为举手发言其实并不可怕。

第二,教学评价语言要丰富多样。课堂上,教师的评价语言要丰富多样,多用诸如"你真了不起"、"你的回答全面,有条理"、"你的回答讲到点子上去了,如果声音再响亮点儿会更棒"、"你的回答很有创意和灵感"等此类的语言。长此以往,这些有针对性的评价语言,能给学生以提醒和纠正,帮助学生提高自己的水平。另外,教师还要善于运用体态语,如翘大拇指、鼓掌、握手等来表达评价,祝贺学生的出色表现。当然,课堂上要求老师也要认真倾听学生发言,能根据学生的回答积极反馈信息,准确、及时、客观地作出评价,给学生相应的建议,从而促进学生有效发展。

总而言之,评价是一种重要的教育手段,对于密切师生关系、形成良好班风,促进学生健康快乐全面发展起着重要的作用。一句中肯的评价是教师送给学生弥足珍贵的礼物,可以激励学生奋发向上,甚至让学生终生受益。

第二节　思想政治(品德)课课堂举例技能

一、课堂举例的功能与作用

课堂举例直接影响着课堂教学效果的好坏。

(一)有助于贯彻理论联系实际的原则

理论联系实际是政治课教学的一条根本原则,政治课教学的一大重要任务就是要使学生能将所学知识和社会实际联系起来,即能联系实际理解所学知识,正确解释一些社会现象,解决一定的社会问题,而举例就是完成这一任务的最佳途径。例如,在讲当今世界资本主义制度和社会主义制度长期共存,在共存中既合作又斗争时,教师先简单地向学生介绍了我国申请加入WTO的过程:由于在不少原则性问题上的分歧,我国与世界贸易组织的主要成员国经历了长达15年艰辛的谈判,最终达成了协议;然后让学生讨论我们加入WTO对双方的意义;最后,学生列举了一些反映合作或斗争的例子。经过了这样一个过程,学生就真正理解了社会主义与资本主义之间的合作、斗争。

(二)举例可以使抽象的知识形象化

如果能将一些抽象的知识形象化,不仅能提高学生的学习兴趣,还能使学生牢固掌握所学知识。更重要的是能培养学生的发散思维,使他们有信心学好思想政治(品德)课,上课也变得积极主动起来。如何将抽象的知识形象化,使学生不再把政治当做死记硬背的学科,有信心且能轻轻松松学好政治,是摆在政治教师面前的一道难题,对于一些抽象的知识应常常采用形象化的举例来完成教学内容。例如,教授"物质是不依赖于人的意识而存在的"这一部分内容时,利用历史图片提出一连串问题:"你家里的摆设,而你现在在教室,它还在你家吗?""历史上发生过的事件你学习过的知道它是发生过的,你不知道它难道就没有发生过吗?"……于是学生马上会明白物质的客观实在性。然后教师指出不管我们怎么想,它都是客观存在的,不会因为我们的意识产生而产生,不会因为我们的意识消失而消失。当你描述你的小天地、学校操场、历史上的今天时,你看到了吗?能说出来吗?这些问题会让学生明白物质"能为人的意识所反映",它不是虚无缥缈的,它能为我们所描绘和抽象,世界的本原是物质的,而物质的唯一特性是客观实在性。然后教师引导学生顺势回忆以前学过的"可知论"和"不可知论"。因此,教学准备既要突破重点,又要攻克难点,从课堂导入到教学过程,再到教学反思,要符合学生的认知规律,使学生从无疑到有疑,再从有疑到无疑。

(三)举例有助于适应基础教育新课程改革,培养学生创新精神和实践能力

新课程的核心是培养学生的创新精神和实践能力。因此,政治教学中,举例不应该仅仅是教师单向的教学活动,还应该包括学生的举例。学生自觉运用举例说明问题,是创新思维的体现。如讲到少数国家、地区和民族发展时,列举苏联解体、东欧剧变等事例。通过对这些事例的分析,一方面使学生认识到这些国家由社会主义制度演变成资

本主义制度,只是体现了社会发展的特殊性及社会形态跳跃式发展;另一方面,又通过引导学生联系社会主义代替资本主义的必然性,使学生进一步认识到,社会主义过程中的这种曲折不会改变社会发展的必然趋势,而把这种曲折放在人类社会历史长河里来考察,是微不足道的,社会由低级阶段向高级阶段发展的总趋势是不会改变的。对这一事例的分析过程,就是学生对所学知识的一种创造性的理解过程,也是培养学生创新能力的过程。

(四)举例有助于知识的记忆和保持

学生在学习哲学时还有一个比较大的困难就是即使记住了概念和原理,却不会应用,理论与实际处于剥离状态,严重影响了哲学的学习效果。所以,每一小点应都结合案例来说明,指出案例中哪句话、哪件事是体现哪个原理的,材料与原理有机结合。例如,实践的含义是人们改造客观世界的一切物质性活动,虽然这个概念字数并不是很多,但在学生刚刚接触它时却感觉不好记、非常抽象,最主要是不理解。那么,我们就首先让学生找出句子的主干:实践是活动,是什么样的活动呢?必须是人改造客观世界的活动,如果是动物的活动,诸如蚂蚁搬家、猴子爬树等就不属于实践。而且这些活动必须是人改造客观世界的活动,如果是改造主观世界的活动,例如听音乐会,自我反省等就不属于实践范畴。最后,指出是物质性活动而不是精神性活动。经过这样细致入微的分析,学生很快就会理解实践的含义,无论是记忆概念还是具体做题,一切都迎刃而解了。

(五)举例有利于学生理解理论知识,提高课堂效率

高中政治是纯理论性较多的科目,而且内容丰富,知识覆盖面广。高中学生在学习的过程中,对纯理论知识的掌握可能会有一些困难。毕竟面对这么多的政治理论知识,要想很好地识记已经很不容易了,如果还要学生在识记的基础上理解和运用,那难度会更大。因此,在高中政治教学中,教师必须要适当地引入相关的案例,以实际的、具体的、形象的案例来解读相关的政治理论,这是教师提高课堂教学效率,提高学生学习水平的

关键环节。而且,从当前的高中政治考查情况看,无论是测验还是高考,都重视学生对政治理论实际运用能力的考查,都会以材料分析的方式,让学生发挥案例分析研究的能动性。

如在《矛盾普遍性与特殊性的关系》的教学中,教师在教学案例的引用和阐述上,应该尽量运用生动形象的事例。例如,可以参考教材中“白马非马”的著名的哲学命题,在引导学生阅读之后,教师适时地引入问题,形成讨论环节。提问“假如你是那位守关的士兵,你能阻止公孙龙牵马出关吗?”在这种情况下,有些学生说可以,教师则进一步拓展问“那你应该怎么说?”通过这样的案例分析,可以形成一个有效的讨论环节,这样就可以有效地调动学生学习的积极性,帮助学生理解掌握那些抽象的概念、理论,使课堂教学有声有色。同时,还可以借助这样的案例运用,激发学生的探索意识。

二、课堂举例的类型

一般来说,根据所讲内容与例子的不同关系以及举例的不同目的,可以分为直示性举例、辨误性举例、逆向性举例。

(一)直示性举例

直示性举例就是证明性举例。教师在讲述了概念、原理、观点之后,直接列举实际事例,使学生从实际生活中寻找出概念、原理、观点的可信性与正确性,这样学生就更容易理解并接受教师所讲的内容。比如在讲我国对外开放时,这样描述:世界经济一体化形势迫使党中央作出了对外开放的基本国策,但新中国成立后我国搞了几十年闭关自守,一旦要打开国门,对外开放,国人心里总不踏实。1979年,首先在广东的深圳、珠海、汕头以及福建的厦门建立经济特区,将国门开了一点点,作为对外开放的初步尝试,如果成功,就继续开放,如果不成功,就“关”门了。经过五年的试点,特区的经济飞速发展,极大地解放了生产力。1984年,党中央决定加大开放力度,开放了东部十四个沿海港口城市,国门再次“开”大,又经过四年的实践,开放城市的经济增长速度明显快于其他城市。1988年,党中央再次将海南全省对外开放,紧接着由南向北,由沿海向内地辐射,实行全方位的开放,国门终于“敞开”了。学生们通过这些直观的语言,既能记住我国对外开放的重要性,又能了解我国对外开放的进程。

(二)辨误性举例

辨误性举例也就是考查性举例。这类例子的特点是正误掺杂,带有迷惑性。采取这种举例方式的目的不是为了证明什么,而是为了检查学生的理解正确与否,是否真正掌握了知识。它是帮助学生有效地分化知识,避免知识混淆和串换的手段。

(三)逆向性举例

逆向性举例就是举反例,是帮助学生认识错误获取真知的一种举例方法。这种事例与所讲内容形成对照,相比之下就会很自然地显示差别。这样就从相反的角度打开了思路,既培养了学生的逆向思维,又使其理解了所讲的内容。

例如,在讲“生产力决定生产关系,经济基础决定上层建筑”这一基本原理时,教师举了这样一个反面例子:1958年,我国人民公社兴起,在“农业生产大跃进”的号召下,提出要“跑步进入共产主义”,小农个体一夜之间变成大集体,政权与公社合而为一,这种生产关系的剧烈变化,本应该是由于生产力迅猛发展所至,然而放眼望去,广大农村仍是耕牛遍地走,锄镰满地头,生产力方面变化不大,显然是政治思想决定了经济基础。随之而来的是“放卫星”:“一颗芝麻光溜溜,榨成香油发了愁,全国人民吃不完。”“一只南瓜如地球山上头, 把它放到大西洋,世界又多一个洲。”“卫星”是放了,但终究是画的饼,不能充饥,三年自然灾害使人们饱受其苦。历史证明,作为社会上层建筑的政治思想决定经济基础是行不通的,教训是沉痛的,生产关系的变革应该建立在生产力发展的基础上,生产力决定生产关系,经济基础决定上层建筑。

三、课堂举例的基本要求

俗话说:“兴趣是最好的老师”,一切有成效的工作都是以某种兴趣为先决条件的。要使学生对思想品德课好学、乐学,就必须激发其学习兴趣,而举例是思想政治课教学的重要组成部分,现实生活中的人、事、物等,贴近学生生活,直观、形象,看得见、摸得着,令学生易于接受。因此,选用好事例是贯彻理论联系实际原则的重要途径,也是思想政治教师激发学生学习兴趣,帮助学生理解掌握理论知识,培养学生运用所学知识分析解决实际问题,提高思想政治课课堂教学效果的手段。

虽然课本中也有不少好的事例,教师可以有选择地使用,但教师更应根据教学实际,适当地补充一些更贴近学生生活的案例,更有深刻寓意的例子,更具幽默诙谐却蕴涵丰富哲理的例子……必要时,还可以让学生自己列举事例。那么,为了充分发挥举例在教学过程中的作用,教师在运用这一手段时应注意些什么?怎样运用好举例呢?在此,选取高中思想政治课的相关内容进行分析。

(一)举例要有科学性

举例要论证有关理论,必须赢得学生信任。因此,举例必须尊重客观事实,具有科学依据,力求真实准确、比喻恰当、用词合理,表达完整。如果举例极不严肃,把捕风捉影、道听途说的事,或生编硬造、哗众取宠、没有科学根据的事当例子来举,不仅不能提高教学质量,而且会使学生对政治课和政治教师产生反感和不信任。基于此,举例必须遵循科学准确、实事求是的根本原则。无论大事小事,都要确有其事,且不任意夸大或缩小。只有科学准确的事例,才能由“实”达“信”,体现说服力和证明力。比如经济生活中的价格与价值的关系,文化生活中的文化多样性,哲学中的内因和外因的关系等。

(二)举例要有思想性、教育性

所举例子要健康有益,能尽力将典型事例与思想教育结合在一起,具有论证观点、教育学生的双重作用,从而激励学生勤奋上进,促进学生全面发展。思想政治课是对学生进行马克思主义理论观点教育,帮助学生树立正确的政治方向,树立正确的世界观、人生观、价值观,培养良好品德的必修课程,是学校德育工作的主要途径。一方面,联系学生实际列举那些有教育意义的事例。高一政治教材中《树立正确消费观》一课,通过调查中学生的消费观来了解中学生的消费心理,从而对此进行分析,进一步调查研究中学生这一群体的消费观,从而了解当代中学生的消费问题并引导树立正确消费观,培养正确消费方式。另一方面,举例切忌低级庸俗,低级庸俗的事例会腐蚀学生的思想。例如,有的教师为了说明我国生产力发展状况,把我国和西方资本主义国家的经济进行全面详尽的对比,通过这一对比,学生虽然认识到了我国生产力水平的确落后,应该尽快大力发展,但无形中也可能使学生产生一种错误认识,即我国的社会主义不如西方的资本主义,甚至会产生一种崇洋媚外的思想倾向。因此,教师在举例时,要注意强化事例的思想性,避免因事例选用不当而对学生的健康成长带来影响。由于思想政治课体现着国家的意志,所以必须旗帜鲜明的弘扬主旋律。

(三)举例要有启发性

举例是为了论证和说明理论,因而必须寓理于例,事例中要隐含着深刻的道理,这样才能启发学生的思维,培养学生的学习动机和学习兴趣。例如在讲哲学中联系的时候,可以用一个寓言故事:过去有一个极端利己主义者,觉得只有自己的生命才有价值,妄想世上的其他人都死了,就自己活着。可是后来一想,为了解决自己吃饭的问题,得留下种地的农民;为了穿衣服,又不得不留下一个做衣服的人;为了避免一个人生活寂寞,还得要一个妻子;自己生病时要有人给自己看病,又需要一个医生……结果为了他自己的生存,他发现不得不留下许多人。这一事例就寓意深刻。学生通过对这一事例的学习,可从中受到启发,明确任何一个人的生命都是有价值的,在生活中我们应该尊重与关爱周围的每一个生命。

(四)举例要有典型性和代表性

注意典型性、代表性,即我们所使用的素材或者是国家生活中的大事、社会生活中的热点,或者是日常生活中带有普遍性、倾向性的现象。追求典型性、代表性的目的就是让每个同学都熟悉素材,都有话可说、有感可发。这就要求我们平时一定要做有心人,多看新闻报纸,搜集整理素材,或者把生活中熟悉的场景、片断、细节挑选出来,进行必要的修饰再组合成教学素材。例如上课涉及经济生活中权利时,可以将生活中典型的现象列举出来让学生判断其侵犯了消费者的什么权利。像"注水猪肉"、"黑心棉"、"有些商店规定商品一经售出、概不退赔"等。另外,我们在备课时一定要备学生,要对学生进行采访,了解他们生活中的烦恼、困惑、道德观念上的冲突,掌握更贴近学生的素材。例如上课涉及货币时,我们可以先找几个有代表性的学生交流一下他们对货币的认知疑惑,再在课堂上让他们"现身说法",这样教学就有了典型性和说服力。

(五)举例要有生动性和趣味性

教师举例要力求具体、形象、生动、有趣,这样才能增强吸引力,激起学生求知欲望,启迪学生积极思维。心理学研究材料表明:12岁到15岁的学生爱听故事的占95%以上,15岁到18岁的学生占85%以上,这可看出中学生是很喜欢听故事的。将这一心理倾向引向课堂教学,结合教材内容精选一些寓言故事、成语典故、哲理诗词、生活故事进行教学,将枯燥问题趣味化,抽象问题具体化,复杂问题简明化,深刻问题通俗化,使学生在情趣盎然中掌握知识、增强能力、提高觉悟。例如,如在讲"必须按规律办事"时引例"达尔文和表姐埃玛结婚终生悔恨"去印证。生物学家达尔文和表姐埃玛结婚,结果十个子女中有三个很小就夭折了,其他七个都有程度不同的精神病。后来,达尔文语重心长地奉劝那些表兄姐,千万不要走他的路而近亲结婚。再举一例,如寓言"挤牛奶的故事",讲的是为了减少贮存的麻烦不去挤牛奶,让牛奶贮存在牛肚子里,而到后来却挤不出牛奶。最后,选用谚语"强扭的瓜不甜"让学生分析。这样,"规律的不可违抗"这一难点内容就容易理解了。

(六)举例要有时代性

选用新颖的、富有时代气息的事例,增强对学生的吸引力,促进学生的成长。政治课教学必须紧扣时代脉搏,突显时代特征。教师要在深刻把握教材内容和学生思想实际的基础上,精心选择针对性强的国内外重大时政热点作为实例。从时间上说,要更多地来源于现实社会,具有时代特色;从空间上说,要更接近于学生的学习和生活,符合学生的实际特征，这样，才能对学生有更大的吸引力，使学生倍感亲切，乐于接受。例如讲到高二文化生活时，可以选讲这样的事例：尊敬老人是中华民族的传统美德，然而时至今日，我国却发生着另一番景象：不少家庭的子女，婚前靠父母供养，结婚靠父母操办，婚后有了孩子还靠父母伺候，父母成了他们生活的拐杖。据调查，许多家庭都存在不同程度的“啃老”现象，有的是名正言顺的吃，象征性的、甚至完全不交生活费，经常或长期在父母家里吃住，更何谈赡养父母；有的是随心所欲地拿，在父母那里看中什么要什么，需要什么拿什么，吃的、穿的、用的、玩的，都在猎取之中；有的是理直气壮地要，为了装备自己及家庭，随意向父母伸手要钱；还有的是天经地义地将自己的孩子长期推给父母免费抚养，等等。这一例子就有较强的时代性，能反映现实生活，接近学生实际，许多类似事情可能就发生在学生身边，容易被学生理解和接受。通过这一事例，学生可以认识到在当今社会倡导尊敬老人的传统美德之必要。

总之，用好举例是一项教学艺术，政治课堂中运用精彩的事例能够更好地激发学生探索新知的欲望，也能够更有效地正确引导学生树立正确的人生观、世界观，能够更有利于教师深入透彻地讲解知识点，也有利于学生更深刻地理解和记忆好所学知识，同时也能开阔学生的眼界，丰富学生的知识面，培养他们的观察能力、分析能力和思维能力，更有助于明理后的导行，在教学过程中真正贯彻了素质教育的要求。

第三节　思想政治(品德)课导入新课技能

一、导入的含义与功能

新课的导入，有时候也叫“课引子”，或者叫“开场白”，是将学生由非学习状态转入本节课的学习准备阶段，是为了引导、启发、激励学生完成学习任务、掌握知识和提高能力而进行的教学活动，它是课堂教学的重要环节。

新课的导入，在课堂教学中起着至关重要的作用。常言道，“良好的开端是成功的一半”。导入要求教师在一个课题或一个活动开始的时候，用贴切而生动的语言,正确而巧妙的方法,来集中学生的注意力,迅速进入新知识的学习之中。教师导入新课做得好,能让学生对这节课产生"一见钟情"的感觉,可以激发学生强烈的求知欲,引起学生浓厚的学习兴趣,点燃学生积极思维的火花,促使学生勇于探索,愉快主动地获取知识。这已被许多名师和广大一线教师的教学实践所证明。因此,在课堂教学中,一定要重视教学伊始的导入。教师通过创设生动有趣的教学情境,通过设置富有思考性的问题,通过安排丰富多彩的课堂活动,都会打造出精彩课堂,而教师恰当的导入设计,则会让课堂教学收到锦上添花之奇效。综上所述,可以把导入的功能概括为:创设学习情境,铺设知识桥梁;引起学生注意,集中学生思维;激发学习兴趣,增强学习动机。

二、导入的类型

导入的具体形式与方法多种多样,并无固定的模式,关键在于教师的精心设计和灵活运用。总结自己和广大教师的基本教学经验,新课导入的类型主要有以下几种。

(一)温故知新型

1. 温故知新型的含义与特点

温故知新型即通过温习已学过的旧知识,抓住新旧知识间的内在联系而导入新课的一种类型。例如,讲"价格变动的影响"时,可以引导学生复习回顾一下影响价格的因素,在此基础上总结:价值决定价格,供求影响价格,那么,反过来,商品价格的变动会影响商品价值和该商品供求关系吗?价格的变动对百姓的日常生活和企业的生产经营活动又会产生怎样的影响?

这种类型的导入特点是:联系旧知,进行对比,激发学生思维的"热点",更注重新旧知识之间递进性和系统性,以旧引新,通过搭建新旧知识之间的桥梁,由浅入深,让学生更好地理解和把握体系,构建知识网络。

2. 温故知新型的构建技巧

首先,导入设计要遵循学生的认知规律,注意知识的内在联系,所设计问题的层次性、难易度、梯度,要做到由已知到未知,循序渐进。其次,注意新旧知识之间自然、巧妙的连接、过渡。最后,由于这种导入形式所设计的问题理论性较强,所以要求教师在深入研究教材的基础上,设计出一些新颖有趣而又有一定难度的问题,或者,针对学生易犯错误,设计错例分析讲评,借此导入,以引起学生的学习兴趣,唤醒学生的求知欲。

(二)设疑导思型

1. 设疑导思型的含义与特点

设疑导思型即教师围绕这节课的教学主题设疑问难,制造悬念,从而引导学生思维,引发学生强烈的好奇心和求知欲的一种导入类型。例如讲"意识的能动作用"时,可以这样导入:"同学们知道,我们学校的大楼是物质的一种具体形态,而这幢大楼的设计图是人脑思维的产物,是一种意识现象。根据前面学过的哲学原理,物质第一性,意识第二性,物质决定意识,那么就应该先有大楼,后有设计图,但现实生活中却是先有设计图,而后按图施工建大楼。这不就违反了唯物主义的基本原理了吗?如何解释这种现象呢?要知道这其中的奥秘,就必须学习:意识的能动作用。"

这种导入形式的特点:通过巧设疑难,引导学生的思维,启发学生思考,引起学生联想,使学生带着问题进入新知识的学习,可极大地调动学生思维的积极性和主动性,使学生边听课,边思考,以寻求问题的答案。

2. 设疑导思型的构建技巧

首先,教师要根据课堂教学的实际情况和学生的理解接受程度,随时调整问题难度,找准问题的切入点,创设导致学生思维矛盾的冲突点。其次,这种形式导入是通过设疑引导学生思考,要求教师适时调整语言的难度、速度、繁简、停顿,以保证问题的有效性。最后,抓住启发引导的时机,当学生思维受困时,当学生疑惑、厌倦时,当学生认识分歧时,当学生无法实现知识迁移时,老师要及时引导,以促进学生思维的发展。

(三)引经据典型

1. 引经据典型的含义和特点

引经据典即通过优美的诗文、名言警句、比喻、谚语、谜语等导入新课的一种类型。

这种导入类型的特点是:从源远流长、博大精深的中华文化中汲取营养,摘取中华文化宝库中颗颗珍珠,在传统与现实的交汇中,在历史文化长河的奔流中,感受中华文化魅力,在潜移默化中学习知识,提高艺术素养。

例如,在讲"意识的能动作用"时,也可以通过富有哲理的语言导入:"面对人生旅程中许许多多的抉择,往往有两种截然不同的心态,积极主动与消极被动。你选择快乐,你就能开心地度过阳光灿烂的每一天;选择悲观,在你的世界里雨就会下个不停,而选择的权利就在你自己的手中。"

古诗词朗朗上口,美妙动听,感染力强,教师可有的放矢的选择紧扣教学内容的优美古诗,加以导入,让学生置身于优美的语言氛围中,并从感性到理性完成知识的迁移和顿悟。如:用"日出江花红胜火,春来江水绿如蓝",说明事物之间的联系;用"山重水复疑无路,柳暗花明又一村",说明事物的前进性和曲折性的统一;用"千淘万漉虽辛苦,吹尽狂沙始到金"说明金属货币的产生;用"一枝独秀不是春,满园花开尽芳菲"说明文化的多样性。格言警句出自名人之口,具有深刻的哲理,适当地运用到课堂教学的导入中可增强说服力,增加可信度和感染力。如在讲"实现人生价值"时,引用孟子的话:"故天将降大任于斯人也,必先苦其心志,劳其筋骨,饿其体肤,空乏其身,行拂乱其所为,所以动心忍性,曾益其所不能。"用哲人的警句、文化的箴言,给学生以思考和警醒。这样的导入,让学生心情舒畅,乐于学习,在轻松中获得人生的启迪、心智的训练。

2. 引经据典型的构建技巧

首先,引用的诗文、名言警句等,要紧扣教学内容,针对性要强,不可生搬硬套。其次,教师在引经据典时,要适时、适度,不能把政治课上成语文课,要从中挖掘思想政治课所需要的东西。第三,这种导入形式要和多媒体技术结合起来,如果配以视频、音乐等效果会更好。最后,这种类型的导入要求教师有一定的文学素养,态度端庄持重,语言脱俗文雅;有较强的语言表现力,能够做到抑扬顿挫,轻重缓急,给学生一种美的享受。

(四)开门见山型

1. 开门见山型的含义和特点

开门见山型是指上课伊始教师开门见山地直奔主题,直接点明学习课题,阐明学习目的,提出学习要求,直接进入新课教学的一种导入方式。

例如,在讲"投资方式的选择"时,一位教师是这样导入的,他说:"我在教学之余,有一个业余爱好,喜欢买一点股票。一次,我买了一只股票,当时的股价是每股10元,买了1000股,很快每股涨到了15元,我把这只股票卖出去你们算一下,我赚了多少钱?"学生很快算出了答案。他接着说:"虽然赚了钱,是件令人高兴的事,但是我还是有点疑虑。"然后他话锋一转,说:"同学们,你们说我赚的这个钱是否合法,国家允许不允许我有这笔收入?现如今人们获得合法收入的途径有哪些?带着这些问题大家分成四组讨论五分钟。"教师运用自身买股票的经历,开宗明义,营造逼真的教学情境,想方设法点燃学生的思维之火,合理地寻求学生对生活现实的感受与教材知识的结合点,让学生由直接感受的疑问迁移到对教材知识的学习中,并将其改造、发展为学习的重要目标和具体要求。这样,思想政治课的教学就不再是孤立的死记硬背,而是活生生的生活事件体验过程,从而大大缩短了教师与学生的距离,缩短了学生与教材的距离,缩短了学生与实际生活的距离,使学生自始至终在兴趣盎然的情境中,在和谐宽松的环境中,在不知不觉中理解、接受和获得了知识。

这种导入方式的特点:开宗明义,让学生在先入为主的基础上,循序渐进,逐步层层深入到新知识的海洋,在知识的海洋中欢快畅游。

2. 开门见山型的构建技巧

首先,这种类型的导入要求教师对教材内容进行透彻研究,熟知教学目标,提问时要做到直截了当、干脆利落、言简意赅,使学生确切掌握教师的要求。其次,提问时教师可以引导学生对已解决的问题进行深入的探索,或对课题本身提出疑问或变换问题的条件,来拓宽学生的视野,诱发学生发散思维,增强学生的应变能力,培养学生思维的广阔性和深刻性。

(五)直观演示型

1. 直观演示型的含义和特点

直观演示即教师通过演示直观教具,唤起学生想象,并以引人入胜的分析引起学生的兴趣与思考,从而进入新课学习的导入形式。

著名教育家陶行知有一次在武汉大学做报告,上台时夹着一只活蹦乱跳的大公鸡,下面的听众一下子都愣住了。可陶先生却从容不迫地喂起鸡来。他掏出一把米,先按着鸡的头逼它吃米,鸡只叫不吃。他又掰开鸡嘴,把米粒硬塞进去,鸡挣扎着仍不肯吃。接着,他轻轻松开手,把鸡放在地上,自己后退几步,那大公鸡便从容地低头吃起米来。正当听众看得出神的时候,陶先生说:“我认为,教育就跟喂鸡一样,先生强迫学生去学习,把知识硬灌给他,他是不情愿学的,即使学,也是食而不化,过不了多久,他还会把知识还给先生的。但是,如果让他自由地学习,充分发挥他们的主观能动性,那效果一定好得多!”陶先生巧妙地借助喂鸡的演示,阐明他的教育主张,把深刻、抽象的教育原理讲得十分具体、生动、形象,听众听得高兴,听得明白,留下的印象也十分深刻。

又如,讲“揭开货币神秘的面纱”时,教师可出示一张100元的人民币,教师观察到学生兴奋而激动的表情,并通过这张人民币引导学生思考:人们为什么对它爱不释手,情有独钟?有的人甚至为了它,铤而走险,丧尽天良,不择手段,最后,锒铛入狱,家破人亡?人们对货币的感情可以用“爱恨交织”这个词来诠释,货币到底是天使还是魔鬼?为什么这小小的纸片能购买一切商品?它为什么具有如此神奇的力量?今天就让我们一起走近货币,揭开货币神秘的面纱。又如,讲“信用工具”时,教师可以事先准备几种学生熟悉的卡,比如银行卡、校园卡、购物卡、网卡、医疗卡等,向学生提出问题:同学们认识我手中的这些东西吗?用过信用卡的同学能说一说使用信用卡的感受吗?这种转账结算的方式与用现金结算相比,它的优势在哪?这种直观导入的方式,从学生身边熟悉的物品出发,从学生自身的生活经验出发,更容易使学生在不知不觉中接受知识,也启示学生多观察生活,在生活中学习,并用学到的知识去指导生活。

直观演示型的特点:教师通过实物启示、教具演示或实验演示、图示展示等,吸引学生注意力,并引导学生边观察边思考。这种导入旨在培养学生善于观察生活、分析生活中的问题和解决生活中的难题的能力,培养学生善于从现象中发现事物的本质和规律的能力。

2. 直观演示型的构建技巧

首先,这种导入要求教师所用的实物、教具、图示等要么是学生特别熟悉的,要么是学生从未见过的,熟悉的学生感到有话可说,从未见过的学生感到新奇,容易引起学生的注意力。其次,演示中提出问题,可以从不同的角度;分析时可以从大到小或从小到大,从个别到一般,从现象到本质,从局部到整体。最后,教师运用时要明确,直观演示只是课堂教学的手段,重在从演示中提出令人深思的问题,做出引人入胜的分析,体现师生间的互动与交流。

(六)激情感染型

1. 激情感染型的含义和特点

教师运用富有情感的手段和方法,进行导入,包括歌曲、视频、语言描述等,创设生动具体的教学情境,渲染课堂气氛,引起学生共鸣,感染、激励学生进入新知识的学习的导入形式。

例如,讲"处理民族关系的基本原则"时,以宋祖英的歌曲《爱我中华》导入,师生精神饱满,激情共唱:"五十六个民族,五十六朵花,五十六个兄弟姐妹是一家,五十六种语言汇成一句话:爱我中华,爱我中华,爱我中华。爱我中华,健儿奋起勃发;爱我中华,建设我们的国家……"从歌曲中体会我国五十六个民族之间平等、团结、互助、和谐的民族关系和各族人民对伟大祖国浓浓的热爱之情,既为新知识的学习牵线搭桥,又升华了学生的情感、态度与价值观。音乐是一种时间性很强的艺术形式,通过音乐欣赏可以培养学生良好的注意力。音乐是一种善于表现和激发情感的艺术,也是感化人的重要手段。歌曲的演唱可以唤起和激发学生的思想感情和生活体验,丰富人的情感,焕发学生的学习热情,充实学生的精神生活。

这种导入类型的特点:声发于情,意寓于情,教师通过拨动心弦的歌曲演唱,声情并茂的诗歌朗诵等方式,以教材中的情感点燃起自己的情感之火,再用自己的情感之火,去点燃班上几十颗心灵的情感之火。教师注重情感投入,以情育情,以情感人,有利于师生心灵的沟通,对学生产生激励作用。

2. 激情感染型的构建技巧

首先,教学中要努力创设与教学内容相应的情境,教师对教学内容有深层次的体会,并由此而生豪情壮志、炽热情感,从而将师生共同带入一个特定的感情世界,使师生能产生情感共鸣。其次,教师在日常教学中要加强与学生的交往,进行感情的投入,关心、爱护每一个学生,建立起和谐的师生关系。再次,教师要选择得体的词语格式,多用排比、层递、反问等修辞格式,穿插其中,以表达酣畅汗淋漓的感情。最后,上课时教师要感情充沛,情理交融,用感情融会感情,用思想碰撞思想,让学生在课堂中受到潜移默化的熏陶和感染,让学生不仅准确地掌握知识,也受到思想教育和感情上的培养。

(七)事例激趣型

1. 事例激趣型的含义和特点

事例激趣型是通过对与教学内容有关的故事、寓言、童话或生活中的典型事例的形象描述来导入新课的形式。

这种导入类型的特点:坚持理论联系实际的原则,培养学生运用所学知识分析解决实际问题的能力,师生通过剖析生动有趣、鲜活典型的有震撼力的事例,寓理于例,从小事例中领悟大道理、大智慧。这种导入类型容易使学生对所举事例触景生情,受到启发,积极思考问题,打开思维的闸门。

例如,在讲"实现人生价值"时,老师给学生讲了这样一个故事:美国心理学家巴尔肯博士在一次与青年的座谈会上,让一位满脸沮丧的青年用最简短的语言写出自己的经历,这位青年写的是"——!。",巴尔肯博士看后以同样的方式写出如下的回答:"、……?。"聪明的同学,你们能猜出青年所写的"——!。"与巴尔肯博士所写的"、……?"这些符号所蕴含的意思吗?(学生回答略)沮丧青年一直勇往直前(——),却只落得伤心自叹(!),最后只能一事无成(。)。沮丧青年大概是在社会上闯荡了一番,结果四处碰壁,于是灰心丧气起来。而巴尔肯博士的回答则是:青年时期只是人生旅途的第一站(、),只要一站一站的奋斗下去(……),难道不会有美好的明天吗?的确,古往今来,实现人生价值,成就辉煌事业,都会经历各种各样困难,遭受意想不到的挫折,甚至要承受无数次的失败,但请相信:阳光总在风雨后,不经历风雨,怎能见彩虹,没有人能随随便便成功。年轻没有失败,作为一个年轻人,如何才能实现自己的人生价值?下面,就

让我们在最美女教师张丽莉生动感人的真实故事中寻找答案吧!(多媒体出示课题:实现人生价值)

2. 事例激趣型的构建技巧

首先,因为事例选择质量的好坏直接影响着课堂教学效果,因此选择的事例应具备以下特性:

举例要有科学性,举例必须尊重客观事实,有科学依据,力求真实准确、比喻恰当、用词合理、表达完整,切忌生搬硬套、哗众取宠。所举事例,无论大事小事,都要确有其事,且不任意夸大或缩小,这样才能由“实”达“信”。

举例要有思想性:所举例子要健康有益,充满教育性、思想性,切忌低级庸俗,低级庸俗的例子会腐蚀学生的心灵,而且要注意事例是否具有消极方面,在证明原理的同时是否会产生负面影响。

举例要有启发性:举例是为了激发学生学习兴趣,论证和说明理论,因而必须寓理于例。事例中要隐含深刻的道理,能启发学生思维,培养学生的学习动机和兴趣。

举例要有典型性:所举的例子要最能集中反映和揭示事物的本质,能使学生较为全面、系统地理解例子所要论证的基本概念和原理。

举例要有趣味性:所举的例子力求具体形象、生动有趣,这样才能增强吸引力,激起学生求知欲望,启迪学生的积极思维。

其次,事例的创设既要考虑学生的生活经验,实现生活化,以引起学生的共鸣,又要尽可能多地蕴涵相关信息,包含复杂和具有两难判断性的问题。

(八)情境创设型

1. 情境创设型的含义和特点

情境创设型的导入即教师通过创设一定情境(社会文化背景),让学生在特定的情境中去思考问题,并通过师生间协作活动,实现意义建构,获取知识的一种导入形式。

这种导入类型的特点是:坚持贴近生活的原则,利用教室有效的空间,使教学的内容生活化,为学生提供自主思考、探究合作、交流感悟的机会;使平面的、书面的、文字的、图画的、静止的教学内容活起来、动起来、立起来,使教学内容真实化、情境化,让教材的价值和精神充满灵性,让体验动态生成。

在讲“意识的能动作用”时,一位老师创设了这样一种情境,进行课堂导入:

在一个阳光明媚的早上,农场的一只鸡不幸被一辆卡车轧死,由此引来了以下的对话。

农夫:哪个家伙把我家的鸡压死了? 农妇:自认倒霉吧,今晚就把这只鸡煮了吃。交警:我们一定找到肇事者! 动物保护人员:我们一定会为它举行一个隆重的葬礼。兽医:这我也无能为力。

这件事传到了校园里,闹得沸沸扬扬。

语文老师:同学们,一只可爱的公鸡告别了这个美丽的世界,请同学们为这件事写篇文章,歌颂这只鸡的事迹,指责肇事者的无耻,字数不少于800字。

数学老师:其实这件事本是可以避免的,请同学们用概率统计的方法,计算出这只鸡有百分之多少的概率可以存活? 分几种情况讨论。

英语老师:Oh! My god! I am sorry to hear that!请同学们用被动语态叙述一下这件事,记住要用过去时。

计算机老师:死鸡了,快按“重启”!

辩证唯物主义告诉我们,意识能够正确的反映客观事物,这是否意味着人们对同一事物的反应所产生的意识都是一样的? 同样是正确的认识,为什么会产生“仁者见仁,智者见智”这种现象?

2. 情境创设型的建构技巧

首先,创设的情境必须有利于学生的意义建构。因为,对任何知识的认识都来自于人们的生产生活实践,又将最终服务于人们的生产生活实践。建构主义学习理论认为,知识不是通过传授得到的,而是学习者在一定的情境下,在其他人(包括教师和学习伙伴)帮助下,有必要的学习资料,通过意义建构的方式而获得。

其次,情境要有生活味,更要有学科味;情境要有活动,更要有体验,切忌表面化、形式化。目标设计是有效情境的基础,问题探究是有效情境的内核,气氛营造是有效情境的手段,空间拓展是有效情境的境界。

三、导入应注意的问题

“万事开头难”,一般来说,设计导入语,导入新课,应注意以下几点。

(一)导入要有针对性

课堂教学是一种目的性很强的活动,新课导入必须目的明确,针对性强。首先,新课导入要针对教学内容来设计,使之直指教学主题,引导课堂迅速进入新知识的学习。不能为导入而导入,更不能在导入中信口开河,胡编乱造,愚弄学生,分散学生的注意力。切忌空求形式,漫天胡谈,不着边际,离题万里。其次,新课导入,要针对学生的实际而设计,要注意贴近学生。根据学生的年龄特点、心理特点、知识现状、思想水平、思维特点等来设计,迅速缩短学生与教师之间的距离,缩短学生与教材的距离,将学生的注意力转移到学习新课上来。既能引导学生的思维方向,也能使学生兴趣高涨。

(二)导入要有新颖性

新课导入通常要能集中学生的注意,引起学生兴趣,对学生有较强的吸引力,为此,导入必须新颖。这种新颖体现在:一是材料新,即紧跟时代步伐,将生活中出现的、与教材内容密切联系的新问题、新事物、新现象引入教学。二是角度新,即对学生学习的材料,通过从新的角度分析,使学生产生新奇感,进而导入新课。三是方法新,即导入的方式要多种多样,而且多种方式要配合交叉使用,不能固守一种模式,否则,必然淡而无味,平而无奇,难以起到激发学习兴趣、引人入胜的作用。

(三)导入要有趣味性

新课导入既有情趣,又有意味,耐人寻味,是趣味性导入的基本标志。课堂的导入,应新颖别致,生动活泼,富有趣味性,避免平铺直叙,忌平淡刻板。充满情趣的导入能引起学生的注意,调剂课堂教学的气氛和节奏,形成师生间的默契交流。富有意味的导入则能启发学生思维,引导学生积极探求有关理论、原理。

(四)导入要有简洁性

新课的导入不是教学的主体过程,因而力求抓住要点,简洁明快,言简意赅,内容精当,要求具体,惜字如金,争取用最少的话语、最短的时间,迅速巧妙地转入正题,将学生的注意力集中到学习新课上来,切忌啰嗦、冗长拖沓,喧宾夺主。尤其是导入的语言,必须经过教师认真组织、加工提炼、反复推敲、比较选择,做到简洁、准确、条理清晰、系统完整。散乱堆砌、繁琐枯燥的语言不仅使学生不得要领,也浪费教学时间,难以完成本节课教学任务。课堂教学的时间性很强,教师必须对导入的时间做合理的安排,巧配时间,切忌前松后紧。课堂导入的时间在3分钟左右,一般不超过5分钟。

(五)导入要有艺术性

教学具有艺术性,作为课堂教学的重要一环,要求导入也要具有艺术性。首先,导入语言的艺术性。教学语言除了具有准确性、逻辑性、教育性、生动性之外,还要具有艺术性。教师通过情趣盎然的表述,精辟入里的分析,入木三分的概括,恰到好处的点拨,把学生带入知识殿堂,并开启心智,陶冶情操,获得精神上的满足。同时,注重导入语言的艺术性,可以使抽象的问题具体化,枯燥的问题趣味化,深奥的问题浅显化,便于学生感知和理解教材知识,收到事半功倍的效果。这说明艺术性的语言,可以引发学生的兴趣,消除学习疲劳,点燃学生心灵的火种,培育健全人格。这就要求思想政治课教师不仅要拥有深邃的思想,广博的学识,幽默的情怀,深切的人文之心,还必须潜心锤炼教学语言,用美的语言激励、唤醒、鼓舞、熏陶和教化学生。其次,导入过程的艺术性。导入过程是师生双边活动的过程,在这一过程中师生都注重美的语言、适当的教学节奏、完美的教学程序、有效的教学方法,灵活处理教学内容,灵活分析教学对象、教学条件,灵活处理教学中的预设与生成等教学手段、方法和技巧。这些都体现了导入过程的艺术性。注重导入的艺术性,可以增强师生间的情感交流,诱发和增强学生的审美感,培养他们积极向上的审美意识和情趣,更为重要的是,能激发学生的学习兴趣,使学生变被动学习为主动学习,达到“随风潜入夜,润物细无声”效果。

(六)导入要有启发性

教师在导入过程中,总是精心设疑,启发学生思维,推动、激活、延续教学过程,但智者千虑,必有一失,教师在导入过程中,提出的启发性问题由于学生受已有知识结构、年龄特征、社会经验、生活环境等“瓶颈”的制约,偶尔也会出现冷场,学生集体失声,思维阻塞,或虽有回答但认识不到位甚至不着边际,远离教师预设问题所要达到的目标,导致教学过程“凝绝不通声暂歇”。这时就需要教师运用特有的教学机智去启发,使学生冰冻的思维逐渐融化成涓涓细流,滋润课堂,焕发生机和活力。

(七)导入要有关联性

一堂好课,应该是“豹头,猪肚,凤尾”,导入时要注意承上启下,温故知新。导入的设计如同桥梁,联系着新旧知识;如同序幕,预示着后面的高潮和结局。所以导入的设计,要着眼于课堂教学整体,统筹兼顾,谋篇布局,服从、服务于整体。课堂导入的设计贵在方法之妙,而不在数量的之多,否则喧宾夺主,画蛇添足。

第四节　思想政治(品德)教师语言的运用技能

一、教师语言的功能

(一)教师语言的服务功能

自从语言产生以来,便作为一种思维工具和表达工具,服务于人类的交流。语言的出现不仅满足了人们频繁交流的需要,而且使人类的生活更加条理化、组织化、结构化。人们通过语言赋予一些物品以“名称”,增进了人与人之间的交流,提高了劳动的效率。语言赋予了生活、劳动、生命以特定的意义,为人们的日常生活提供了极大的便利。教师的语言是为教学而服务的,教师语言如果不能被学生所接受,甚至让学生产生反感或抵触情绪,即使形式再优美,语音再标准,词语再华丽,也起不到教育的作用,达不到教育的目标。因此,教师的语言表达,要使学生乐于接受、易于接受,必须在接受性上下工夫,尽量做到教育性与接受性相统一,发挥教师语言准确传递信息,达到最佳效果的目的,让教师语言更好地为教育教学服务。

(二)教师语言的文化功能

自从语言进入人们日常生活以来,便不是以单纯的交际工具而存在,或多或少都会打上个人的心理烙印。语言在帮助人们认识与改造世界的同时,也以一种特定的形式,把一些特定的态度与情感体验融了进去,如一些民族精神的义理和价值观。人们在掌握母语的同时,同样接受了所包含的文化意义和价值观念,可以说,语言的学习和运用也是人类社会文化的重要形式和建构手段。

(三)教师语言的规范功能

教师面对接受教育的学生,应当使用标准或比较标准的普通话。语言规范有利于信息的传递,因为语言是稍纵即逝的,尤其是教学口语直接影响着学生接受新知识,调动学生思维的积极性,因此,教师语言的标准程度对教学效果的影响是最为直接的。规范性表现在语音的规范、遣词造句的规范、语言的得体等几个方面。无论是讲述说理、描写抒情,还是阐述论证、借物言志,都要做到发音准确、用词恰当、条理清晰、表述得体。教师语言,特别是教学口语,因时间、空间的限制,遣词造句应该避免啰嗦、冗长,尽量做到规范、简洁。教师语言在规范的基础上,还应当注意使用文明用语。教师的职责是教书育人,因此,教师要禁止使用污言秽语,杜绝使用侮辱性言辞,避免形成不良的语言表达习惯。尽量做到文明行为与文明语言相一致,真正让受教育者感受到语言的美学内涵。

(四)教师语言的社会促进功能

语言是人类社会得以生存和发展的重要条件,通过传播文化作用于社会,对社会发展产生积极或消极的影响。如秦始皇统一六国文字,促进了人与人之间的交流,极大地促进了社会生产力的发展。近代的“白话文运动”、“汉语拼音方案”、“汉字简化”等,无不是因时代需要而发生,并促进了社会的发展。教师语言的“推广普通话”同样也是社会发展的必然趋势。

二、教师语言的构成

(一)语　音

语音是语言的基本结构单位,多种有意义音节信号的组合而构成的语言,才使得内部信息能以声音的形式发出和传递。因此,语音是信息的载体和符号。在教学中对语音的基本要求是发音准确、规范,即吐字清晰、用普通话。讲话含混不清,多数是没有掌握说普通话要领的缘故。

吐字是发音的重要一环,只有通过吐字才能传情达意。要想使吐字准确、清晰、圆润、流畅,就必须努力锻炼自己的发音器官(唇、齿、舌),使其发音到位。上下颌关节的运动,使口腔能开能合,增加或减少口腔的容积,从而带动齿的运动和舌的活动范围,保证音节的准确形成。为了使字音清晰圆润,要求舌的活动幅度比日常口语发音时要大,因此必须适当打开牙关。舌在发音中是活动最积极、影响最大的器官,在普通话所有音节中,除发唇音的b、p、m、f辅音以外,几乎全都要靠舌的积极活动,舌的弹动力强,声母就会发音清晰准确。唇是字音的出口,对控制吐字的质量有明显的影响。比如,发音时唇向前突出,会使字音包在口中,给人以压抑沉闷的感觉;如果适当把唇收拢,使唇齿相依,声音就会明朗许多。为使声音集中,还必须加强唇的收撮力,如果唇的收撮力弱,就容易使声音发散,不清晰。唇在控制普通话的吐字发音中具有特殊意义。同时,我们要注意,唇、齿、舌在发音中是一个整体,这三者相互协调才能完成准确、清晰发音的任务。

(二)语　调

语调是指讲话时声音的高低、声调的升降及抑扬顿挫的变化等,是增强语言生动性、体现语言情感的主要因素。但语调的运用一定要从所表达的内容出发,自然合度才能起到应有的作用。

语调的抑扬顿挫和声音的高低在教学中具有重要的作用。平淡而低沉的语调易使教室里空气沉闷,学生振作不起精神,信息接收率低;声音过大,易使学生情绪烦躁或厌倦。正确的方法是,在讲解重点、难点和问题的承转处,在叙述概念、定义、公式、定理处,说话要慢些,语调要高些,以引起学生的注意并有思考、记笔记的时间。同时要注意声调高低对关键词的强调作用。

语调的情感是随语言的抑扬顿挫而产生的,是教师对教学内容体验的自然流露,不是生硬的外加成分,也不是增加感叹词所能奏效的。情感的自然流露会使"淡语皆有味,浅语皆有致",使学生喜欢听并受到鼓舞。教师的语言如果没有真情实感,只在形式上兜圈子,就会降低语言的表达力,也会倒了学生的胃口。

(三)节　奏

节奏是教学成功的要素,主要包括语言、内容、时间三种。

语言节奏是指语调高低、快慢的变化。例如,讲到重要的地方提高声调放慢速度;讲到快乐的地方自然地露出微笑;讲到愤怒的地方显出激昂的情绪;讲到悲伤的地方声音变得低沉。这种语调高低、速度快慢交叠伴随着情绪的起伏,就形成了一种节奏,这直接影响着学生的情绪和接收信息的效率。

内容节奏是指要讲究内容的布局。开头要醒人耳目,一下子把他们带入学习情境,引起兴趣和注意;中间论述要善于变化,使学生的有意注意和无意注意有节奏地交替转换;结尾要有余味,激起继续学习新知识的渴望。

时间节奏是指要合理地分配时间。师范院校的实习生或新教师往往不能很好地把握时间节奏,容易出现前松后紧或前紧后松的现象。因此,在课前必须熟悉自己的讲稿,对每个问题大致占多少时间要做到心中有数。

(四)速　度

语言的速度是指讲话的快慢。其快慢是否科学合理,对教学效果的好坏有直接的影响。

在日常生活中,每个人讲话的速度是各不相同的。但是教学语言是一门专门的工作语言,不应该用日常习惯的语言速度去讲课,而必须受课堂教学自身规律的制约,受与教学有关的诸多因素的支配,不得有任意性。电影、电视解说的速度为每分钟250~300字,课堂教学的语言速度还要慢一些,以每分钟200~250字为宜。

从信息加工的理论来看,学生接受的语言信息,首先是通过感官进入大脑的"临时储存器",在这里经过选择或立即进行反馈,或再进入"短期储存器",再经过选择加工,一部分进入"永久储存器",于是形成了记忆。在这个信息输入的过程中,信息在"临时储存器"停留的时间约为6~8秒,在"短期储存器"中则可达20分钟左右。从这个信息传递过程明显地看到,教学语言的速度是否合理,对学生的学习效果有重要的影响。发送信息的频率太高,会使学生大脑对收取的信息处理不及时,势必会造成信息的遗漏、积压,而导致信息处理的障碍。如果信息发送得太慢,跟不上学生大脑处理的速度,不仅会浪费许多时间,而且会导致学生的精力涣散。因此,语言速度过快或过慢对学生的学习都会产生不良影响。

(五)响　度

响度是指声音的高低,实际上是强度、长度、高度的总和。在课堂上教师声音的高、低、强、弱,不仅对教学效果有影响,而且影响教师在学生心目中的形象。响度合理是理想教学语言的重要条件之一。

课堂教学是传授知识、交流思想的活动。为了提高教学效果,不能不努力寻求教学语言的合理响度,也就是使教师语言的音高、音强、音长达到和控制在最适当的程度。具体的标准是使坐在每个位置的学生都能毫不吃力地听清楚教师讲的每句话、发出的每个音节,并且耳感舒适。如果达不到或超过这个合理的响度,就会妨碍信息的传递,影响学习效果。

(六)词　汇

语言是语音、语义结合的符号系统,词是这一系统中最基本的构成单位,没有词就没有语言。因此,修辞在教学语言中就显得非常重要了。修辞是使语言表达得准确、鲜明、生动、得体的手段,在课堂教学语言中,对词的要求是规范、准确、生动。

(1)规范。用词规范不但能够正确地表达信息内容,而且能为学生做出典范。如果做不到这一点,语病百出,就会影响教学效果。能正确地使用专业词汇是用词规范的一个重要方面。有些教师爱用方言讲课,不使用普通话,就难免不准确、不规范。

(2)准确。用词准确是对教学语言的基本要求,否则就不能正确地表达教师的意图。例如有个教师说:“现在,打架骂人的现象比过去进步了。”学生听后不知所以然。教师无论是讲新课,还是复习旧课;无论是讲解基本概念,还是对课文进行分析、归纳,都应用精确的词语表述,丁是丁,卯是卯,坚决杜绝似是而非、模棱两可的词语。

(3)生动。选词和用词要做到精选妙用,注意词的形象性、感染力和感情色彩。语言的生动不是靠辞藻的堆砌可以达到的,往往一个很平常的词由于用得精当巧妙而格外生动传神。语言的生动与教师的科学知识有关,也与教师的语文水平、讲话的技能技巧有关,通过不断的学习和训练,是可以不断提高的。

(七)语　法

语法是遣词造句的规则,是某一民族的共同语言在长期发展的历史过程中形成的。按照这一规则进行语言表达,就能被人理解,违反这些规则,就无法进行交流。

课堂教学与一般讲演不同,它除了要让学生听明白外,还必须使学生理解、掌握,即不但要知其然,还要知其所以然。因此,在教学中教师不仅应注意教材的内在规律,运用逻辑推理的方式进行教学,而且要注意语言的逻辑性。在已知的前提下,根据所学知识进行详细严密的论证,从而得出结论。这样才能使学生思路清晰地寻根求源,一环紧扣一环地剖析事物,从而达到理解、掌握的境界。

三、教师语言的类型

(一)教学工作语言与教育管理工作语言

根据教师工作的性质、内容的不同,可以分为教学工作语言与教育管理工作语言。

教学工作语言是老师开展各种类型的教学活动时使用的语言。主要表现形式是课堂教学语言,作为一种职业工作语言,课堂教学语言的显著特征是表达内容的确定性。教师在说课试讲的过程中,要明白“讲什么”、“从何处讲”、“对谁讲”,要明白讲过以后,预期能达到什么样的教学效果,最终达到什么样的目标。教育管理工作语言是相对于“教学工作”而提出的,主要是指教师在进行德育工作与教学行政管理工作中所运用的语言。一个人从小学到大学毕业,有近二十年的时间,在这一时期内,人的世界观、价值观、人生观萌生、发展,并逐步形成,因此说,教师要充分利用语言的导向功能,使每一个学生得到良好、健康的发展。教师是教学活动的组织者和主持人,不可避免从事一些教学管理工作,如组织课堂教学、指导学科竞赛活动、举办兴趣小组,开展各种户外实践活动等,教师在从事这些工作的过程中,要有耐心、有方法,言传身教,坚持以说教为主。教育管理工作语言的常见类型有宣传解说、激励号召、指示要求、总结评述、批评表扬等。

(二)有声语言与无声语言

按照声音的有无,教师语言可以分为有声语言和无声语言两种类型。有声语言,是以语音为信号的口头语言。

无声语言包括以文字为信号的书面语言和作为有声语言的辅助手段的准语言。“准语言”又叫辅助语言,是在狭义的语言之外的辅助人类感情(情感)的一切手段的准语言。如音乐语言、绘画语言之类的艺术性的准语言和态势语、演示语之类的伴随性的准语言,经验丰富的教师会通过这些无声语言潜移默化地影响教育教学工作。

有声语言是人类语言中最完善的形式,是人类发展到特定阶段的必然产物。但人不可能一开始就有有声语言,无声语言如体势语言(动作语言)便是人类最早交流与表现思想感情的语言形式。除体势语言外,人们还用物体语言等无声语言形式来表达特定的意义。

无声语言有很多缺陷,受多种因素的限制,是一种低级的语言形式;有声语言则打破了无声语言的局限,是一种高级的语言形式。

(三)教师口头语言与教师书面语言

教师语言就其物质表现形式来看,可以分为教师口头语言(教师口语)与教师书面语言(教师书面语)。口头语言是以语音形式表现出来的无形语言,而书面语言则是以具体的文字形式表现出来的有形语言。二者在教学(说课)过程中相互补充、共同存在。教师要运用好这两种语言,才能做到出口成章、落笔成文,成为驾驭语言的能手。

1. 教师口头语言

教师口头语言是教师职业生涯中运用最广泛的工作语言,也是最快捷、最方便的教育教学工具。自从口头语言产生以来,便一直承担着向下一代传授知识技能的重任,即使书面语的广泛使用,多媒体教学的日益普及,口头语言表现出来的灵活性、便捷性仍是其他语言所无法比拟的。教师可以借助语音的轻重、语速的缓急、语调的抑扬等语音上的千姿百态的细微差异,表达极为丰富复杂的思想感情,从而达到教育的效果。教师可以利用口头语言的及时性,察觉口头语言对学生的影响,根据学生的神态表情得到反馈信息,及时调整口头语言的运用。朗读是教师口语的一种方式,在教师口语教学中占据重要的地位。教师的朗读在各科教学中是必不可少的,特别是在语文教学与英语教学中,会直接影响到教学效果的好坏。好的朗读可以开发学生智力,激发学习兴趣,让学生领略语言的美感,提高他们的听音、辨音、发音的能力,提升学生的语言素养。

2. 教师书面语言

书面语与口语一样,都是用于交流与传递信息,是教师语言中重要的组成部分。教师书面语的文字与符号的基本特征是规范、工整、美观。教师书面语中使用的汉字是规范汉字与汉语拼音,即1986年《简化字总表》和1988年的《汉语拼音正词法基本规则》。同时,要使用规范的标点符号、数目符号、图表等其他符号进行教学。教师书面语中的符号,要求有足够的清晰度,符号与符号之间有足够的区分度。工整的书面符号会使学生准确快捷地接受教师语言传递的信息。对年龄小的学生,教师要使用楷体,或接近于楷书的行楷;对于年龄大的学生,可以适当用一些行草,但也要以保证字形的清晰度为前提,切忌龙飞凤舞、恣意挥洒。在说课过程中,参与说课的人应认真对待自己板书,字体稍差的人员,可尽量避免多写板书;而文字功底好的则可适当多写一些,但要把握好尺度。教师书面语讲求文面美观整洁,特别是在板书上,一行字如果斗折蛇行,不管谁看到心里都不舒服。在书写过程中,要注意标题之间的大小差异,并合理布置书写的文面。现代多媒体教学中,文面上的内容不减反加,并且形式多样,所以教师利用电脑进行文字输入、字体设计、文面布置时,要特别注重美观、清晰。

(四)教师语言的基本要求

多年的教学实践表明:教师准确、生动、优美、富有感情和启发性的语言,往往能够营造出一种轻松愉快的学习氛围,调动学生学习的积极性。学生掌握知识的多少同教师表达的优劣有很大关系,如果教师的语言表达清晰,学生掌握的知识就准确,从而收到事半功倍的效果;教师讲解的含糊不清,学生掌握的知识就会模棱两可。因为教师内在的意象和拥有的知识,是通过语言呈现给学生的。因此,研究教师教学语言的艺术,让教师的语言充满魅力是十分必要的。

1. 教师语言要有个性

教师的语言应有个性特征,或擅长形象描绘,绘声绘色,让人听了情思并涌,沉浸在美的享受中;或是讲起话来从容不迫,风趣幽默,让人听了兴趣盎然,于轻松愉快中不知不觉地学到知识。

要使语言有个性,首先应学会含蓄。含蓄是一种美,是一种艺术。课堂教学的语言也离不开含蓄。如:有的教师在教学中用说半截话或一语双关的办法,启发诱导学生积极思考问题,勇于发表自己的意见。这种做法常有千言说不透、一语破真谛的妙用。有的教师为激起学生情感上的波涛,不直截了当告诉学生答案,而是绕着弯子设问,层层深入,启人心智,让学生得知识、明事理、受教益。有的教师为使那些注意力不集中的学生受到教育,从不讽刺挖苦,而是从尊重学生的人格出发,善意地提醒启发,收到了较好的效果。

要使语言有个性,其次应学会幽默。如果教师能够像相声演员那样,恰当地使用幽默性的语言授课,往往能够调节教学气氛,改变教学情境,提高教学效果。适当说些富有哲理性、知识性和情趣性的笑话,会使学生兴趣倍增,形成愉快的教学氛围。

做到以上两点,教师的头脑中要有足够的信息储量。这样才能侃侃而论、娓娓而叙、旁征博引、巧妙点拨。总体上呈现"当行则行,当止则止"的行云流水般的境界。

2. 教师语言要有科学性

语言的科学性指的是语言的准确、严密和精炼,这是对教师语言的最基本要求。课堂教学(无论是室内课还是室外课)的一大功能就是传授知识,教师必须准确地使用概念,科学地进行判断,合乎逻辑地进行推理,使学生接受正确的知识。

如在教什么是商品这一含义的过程中,老师要准确把握两个基本条件来讲,一是劳动产品,二是用于交换。教师要根据这一教学内容设计好教学实例,精讲讲透。忌语言的重复啰嗦,以免降低学生的兴趣,影响教学效果。

3. 教师语言要有情感性

古人说:"感人心者,莫先乎情,莫始乎言,莫切乎声,莫深乎义。"只有通情才能达理,达理必先通情。教师在讲课中注入了自己的情感,并通过语言表达出来,才能唤起学生的求知欲,给学生留下深刻的印象,收到良好的教学效果。课堂语言切忌一个调子。因为人的大脑受到一种单调声音的刺激时,疲劳会加快,容易困倦。且声调平淡,听来如同嚼蜡,学生自然会兴趣索然。

教师虽然不是演员,但在情感的表达上,应具有演员的气质。用带有情感的语调,流利的普通话,抑扬顿挫地表达教学内容,把教学内容化作一股清泉滋润学生的心田。悲的内容,要讲得学生想掉泪;乐的地方,要讲得学生忍俊不禁;美的地方,要讲得学生心向往之;丑的地方,要讲得学生痛心疾首;慷慨激昂的地方犹如海浪滔滔;恬静的地方宛如潺潺流水。

用富有情感性、节奏性、音乐性的语言进行教学,教师的语言才会让学生产生一种亲切感和信任感。亲其师才能信其道,师生间的距离缩短了,才会营造出一种宽松和谐的气氛,此时的学生才会才思敏捷,兴趣浓厚。

4. 教师语言要有激励性

在教学过程中,要运用激励法调动学生的自觉性、积极性、主动性,更好地实现德、智、体全面发展的目标。

如体育本身最富竞争性,教学中,以榜样示范、典型引路的方式,让学生受到鼓舞是非常必要的。这就要求教师的语言要有激励性。

为了让自己的语言具有激励性,教师在课余时间应大量阅读。阅读《名人传记》《体育报》《读者》等,增加自己的知识储备。紧张有序的体育课上,恰到好处地穿插故事,让学生觉得体育课也其乐无穷。邓亚萍顽强拼搏的故事,会让学生握紧拳头;谢军棋盘上的生死拼杀,会让学生瞪大双眼,从而激发了学生自尊、自重、自爱,使学生奋发图强、争取上进。教学实践表明,几句激励的话语,往往能引起学生心灵的震颤,能激起奋进的火花,产生强大的进步动力。语言作为一种感人的力量,它真正的美离不开言辞的热情、诚恳和富于激励性。因此,教师一定要努力把活生生的灵感和思想贯彻到自己的话语中去,使"情动于中而言溢于表",从而"打动学生的心,使学生产生强烈的共鸣,受到强烈的感染"。教师语言的感情色彩来源于教师科学的世界观、人生观,来源于教师对教育事业的无限热爱,对文化科学知识的强烈渴求,以及对学生的赤诚之爱。据说鲁迅先生讲课的声音并不抑扬顿挫,也不慷慨激昂,但他的每句话,每个字都充满着感情的魅力,使学生觉得意味深长,引人入胜,使每一个接近过他的学生都感到一种信念的力量浸透在自己心里。

5. 教师语言要具有纯洁性

教师的语言要纯洁、文明、健康。纯洁,就是要讲普通话。语言文明,就是用语要文雅、优美,语调要和谐、悦耳,语气要亲切、和蔼,使学生听后能产生愉快感,乐于接受教师的教诲。语言健康,就是在使用语言时,要切忌一切低级、粗俗的污言秽语。语言是一个人文明程度的表露,教师的语言修养是其为人师表的重要因素,会对学生的道德品质培养和审美修养产生极大影响。

苏霍姆林斯基指出:"对语言美的敏感性,是促使孩子精神世界高尚的一股巨大力量。这种敏感性,是人类文明的一个源泉所在。"因此,要启迪学生心灵,陶冶学生情操,教师就要用醇美的语言去触动学生心弦,给学生以美的享受,使其形成纯洁、文明、健康的心灵世界。

6. 教师语言要有准确性

教师的语言要准确、鲜明、简练。所谓准确,就是要观点明确,语意清晰,发音标准,遣词得当,造句符合文法,推理合乎逻辑,用语具有专业性和学术性。所谓鲜明,是指语言要褒贬分明,饱含真情实感,爱什么,恨什么,赞扬什么,反对什么,泾渭分明。所谓简练,是指语言言简意赅,提纲挈领;分析精辟入里,丝丝入扣;描绘画龙点睛,入木三分;见解独到深刻,令人耳目一新。这样的语言才会具有感染力和吸引力,才能够像春雨一样流入学生的心田,同时把美好的思想和科学的知识一道带进去。

7. 教师语言要具有启发性

教师的语言要含蓄、幽默、富于启发性。教师如果言语丰富,措辞优美,含蓄幽默,富有魅力,让学生置身于语言美的环境和氛围之中,学生就会心情愉快,兴味盎然,思维敏捷,从而收到良好的教育和教学效果。语言是一门科学,更是一门艺术。教师工作是创造性的劳动,在教师劳动的每一领域,都需伴有取得沟通教育对象心灵最佳效益的语言;教师应有一个语言库,贮有丰富的资料,取之不尽,用之不竭;教师还应具有很强的驾驭语言的能力,根据需要,呼之取出,信手拈来。这就要研究学校教育活动每一领域的语言,要研究使用教育教学语言成功和失败两方面的经验,要研究不同教育对象的语言特点,要研究不同学科教学语言的特点,要研究其他行业可借鉴的语言。在研究中,勤于采集大量语言材料,善于分析综合语言材料,还应持之以恒对某一语言现象进行跟踪积累、研究,并对教育语言的效益进行评估。

第五节　思想政治(品德)课板书运用技能

板书设计是教师运用文字、符号、图表等书面语言,在黑板上或多媒体课件上传递教学信息、表情达意、教书育人的创造性活动。

一、板书的功能

思想政治(品德)课教学板书的功能主要有:一是指引目标方向,帮助学生掌握知识及其内在逻辑关系;二是教师通过一定的文字、线条、符号、色彩等板书内容,寓科学性、形象性、艺术性为一体,激发学生学习探索知识的兴趣;三是对学生学习思考起提示作用,有利于学生记笔记,便于学生理清思路,有利于课后复习,提高复习效率;四是好的板书能集中学生的注意力,引导和控制学生的思路,促使学生定向思考问题,掌握事物的发展规律;五是有利于突出教学重点、难点和关键点,把握整个知识的结构体系,从而全面系统地掌握所学知识。

二、思想政治(品德)课板书的类型

板书的形式是多种多样的,有观点式板书、线索式板书、归纳式板书、演绎式板书、表格式板书、图解式板书、设问式板书等。可根据教材的具体内容选择不同的板书形式。

(一)提纲式板书

提纲式板书又称观点式板书或纲要式板书,是指教师以教材内容的逻辑关系为线索,用简明扼要的文字,按教学进程和顺序把教学内容的纲目层次依次展示于黑板的一种板书形式。

这种板书的特点是直接体现了知识的内在逻辑关系,层次分明,条理清晰,内容系统,重点突出,一目了然,便于学生提纲挈领地把握知识,还有助于学生概括、归纳、综合和逻辑思维能力的提高。缺点是过于传统,创新性不足。

例如,思想政治必修3《文化生活》第五课《文化创新》第二框“文化创

新的途径”,板书可以做如下设计:

文化创新的途径

(1)继承传统,推陈出新。

① 文化创新的根本途径:立足于社会实践;

② 文化创新的主要途径:取其精华,去其糟粕;推陈出新,革故鼎新。

(2)面向世界,博采众长。

① 文化创新的重要途径:交流、借鉴、融合;

② 以我为主,为我所用。

(3)坚持正确方向,克服错误倾向。

① 把握当代文化与传统文化、本民族文化与外来文化的关系;

② 克服“民族虚无主义”和“历史虚无主义”的错误倾向。

(二)线索式板书

线索式板书是教师按照教材知识本身纵向演变的方向、过程,或探求理论问题的途径与过程,用线条、符号、文字等形式把它们的前因后果、来龙去脉提示出来,帮助学生系统、完整地理解和掌握知识的一种板书形式。

线索式板书的特点是教学思路线索清晰,脉络分明,纵向联系密切,因果关系明显,知识间的连贯性、系统性、逻辑性强,有利于培养学生抽象思维能力,更有利于引导学生按照教师的教学思路把握教学内容,培养学生的演绎分析能力。

如“传统文化的继承”这一内容的板书可以设计如下:

传统文化面面观——传统文化的特征——传统文化的作用——对待传统文化的态度。

(三)图表式板书

图表式板书又叫图解式板书,指教师用不同的符号、线条、颜色和简明的文字组成图形,直观形象的勾勒出抽象的概念和原理及复杂事物间的动态联系,使学生借助图形正确理解、分析、概括概念和原理,掌握基础知识的一种板书形式。

这种板书的特点在于改变了教学信息的传导方式,由口头、文字表述变为直观展示,具有直观性、形象性、趣味性和艺术性,解决了单靠语言不能表达和解决的问题,能激发学生学习的兴趣,发展学生的形象思维能力。

(四)结构式板书

结构式板书是指根据教材知识关系交错、网络性强的特点,把教学内容的各个部分提炼为知识点,并根据知识点之间的并列、包含、因果、递进等逻辑关系,用直线、括号、框线等将其编织成结构图表的一种板书形式。

这种板书的特点是能较好地揭示教材内容的内在联系,具有较强的逻辑性,使教材内容重点突出、层次分明,并能显示教材内容的整体结构。它有助于学生按照教材的特点去分析教材和记忆知识,并能形成一个三维甚至多维的知识结构。

(五)表格式板书

表格式板书是指把教学内容的含义、特点、原因、作用、意义或知识点的相互关系以及知识点间的其他可比因素,用简明扼要的语句提炼出来,编成一目了然、便于记忆和理解、对比的表格的一种板书形式。

表格式板书具有简明性、有序性、可比性、综合性等特点,容易使学生在比较归纳中把握事物的本质,深刻领会教学内容。

(六)演绎式板书

演绎式板书是指教师根据教材内容前后顺序与从属关系,把由一个概念或原理派生出来的几个层次的论点,按照其内在从属关系,组成一个母子连接式的知识体系的一种板书形式。

这种板书的特点是,按照教材内容形成一个系统完整的思路,使学生对教材结构一清二楚,有利于提高学生综合概括能力。

(七)归纳式板书

归纳式板书是指教师在对基本概念和基本原理进行个别研究的基础

上,再进行总体概括,从而呈现出一般结论的板书形式。

如讲授货币的基本职能时,可设计归纳式板书:

价值尺度
流通手段
储藏手段
支付手段
世界货币 } 货币职能

三、思想政治(品德)课板书的基本要求

一般情况下,政治教师设计板书应符合五个方面的基本要求:

(一)科学准确,简练精要

板书是一种书面的传情达意的手段,它比口头讲解要求更高,对教学内容中有关的概念、原理的表达观点要正确,用词要恰当;对图示、图表运用也要做到线条整齐、规范美观。不能因为疏忽或对教学内容的不恰当处理造成板书的意思混乱或错误。板书不仅要科学,而且还要简洁,其内容应具有高度的概括性,能简明扼要地揭示教材中最本质、最主要的内容。如果庞杂,面面俱到,反而不得要领,既浪费时间,也体现不出教学重点,失去提纲挈领、指引目标的教学功能。因此,教师在设计板书时,一定要字斟句酌,力求用最少量的文字和符号反映最深刻的内容。

(二)条理清楚,重点突出

教学内容有比较强的层次性和逻辑性,教学板书要揭示教学内容间的逻辑联系,方便系统地把握所学知识,所以,教师板书必须条理清楚,层次分明。板示书写时,哪些内容先写,哪些内容后写,都要事先仔细推敲思考,具有一定的逻辑性和层次性,以免引起学生思维的混乱。同时,板书还要做到重点突出,对于重点内容可以用彩色粉笔打上标记,也可在重点内容下面划上波浪线,以提醒学生注意,加强学生的印象。但是,彩色粉笔和波浪线不可过多地使用,否则,会分散学生的注意力,起不到突出重点的作用。

(三)布局合理,书写规范

板书的布局就是板书的各个部分内容的布置格局,既包括版面的分配和规划,也包括板书内容的协调与组织,上课前,教师必须对板书精心设计,对板书内容呈现的次序、文字的详略、符号的运用、板面的规划、板书的格式等,都要进行周密的考虑,使板书能有条不紊地进行。切忌信手挥洒、随心所欲,或者是写了又擦,擦了又写,反反复复。同时,板书的示范性很强,教师板书时的字形字迹、书写笔顺、制图技巧、习惯动作等,都往往成为学生模仿的对象。因此,教师板书一定要字迹工整,清晰端正,字体大小合适,字距行距恰当,尤其是注意书写准确、规范,把握好汉字的基本笔画和笔顺规则,不写不规范的简化字,更不要写错别字和自造字。

(四)灵活多样,整体美观

板书的类型是多种多样的,教师对板书的设计不可千篇一律,而应该根据教材内容的特点、课型特点、教学结构特点和学生特点,合理选择和设计,力求板书形式灵活、板书方法多样、板书语言丰富、板书内容恰当。同时,板书是由文字、符号、图形等组成的一个艺术整体,无论其内容多少,都应当是一个充满生气的整体,能体现出一种整体的美。这种整体美不仅有内容美,如简洁美、哲理美、和谐美等;而且还要有形式美,如条理美、结构美、文字美、色彩美、图示美、布局美等。

(五)目的明确,界线分明

任何板书的设计都是为一定教学目标服务的,板书设计要有鲜明的目的性。教师要在认真钻研教材的基础上,按照教学目标进行板书设计。即使是同样内容,在新授课和复习课中,由于教学目标不同,板书的侧重点和方式、方法应该有所不同。另外,板书时,正、副板书要界线分明。一般地说,正板书是一节课教学内容的“主线”,它主要是由讲课的大小标题和简要内容组成的一个整体。正板书一般从黑板的左边开始写,逐渐向中间和右边扩展,而且不应随写随擦,要尽可能地把整堂课板示的内容完整地保留在黑板上,便于学生回忆、记录和系统掌握知识;副板书主要帮助教师解决教学中具体的问题,如不易理解的文字、人名、地名、时间、年代数据等,它可以随写随擦。

思考题

1. 教师在运用课堂提问技能时要注意哪些问题?

2. 思想政治(品德)新课导入有哪些基本形式? 运用时要注意哪些问题?

3. 课堂举例有什么作用? 举例与案例教学法有什么区别?

参考文献

[1] 思想政治课程教材研究开发中心.思想政治教师培训手册[M].北京:人民教育出版社,2008.

[2] 孟庆男.思想政治新课程教学技能研究[M].北京:中央编译出版社,2010.

[3] 宋鲁闽.思想政治微格教学[M].厦门:厦门大学出版社,2008.

[4] 钟启泉,崔允漷.新课程的理念与创新——师范生读本[M].北京:高等教育出版社,2003.

参考文献

[1] 曹宝静.中学政治教学建模[M].南宁：广西教育出版社，2003.

[2] 黄蓉生.中学政治课教学研究[M].北京：高等教育出版社，2002.

[3] 何芳，吴艳玲，樊莹.初中课程资源开发和利用的实践智慧[M].北京：高等教育出版社，2004.

[4] 中华人民共和国教育委员会.全日制普通高级中学思想政治课课程标准（试行）[M].北京：人民教育出版社，2007.

[5] 邝丽湛.思想政治（品德）课教学模式[M].广州：广东高等教育出版社，2006.

[6] 邝丽湛，何亮.思想政治教学与学业评价[M].广州：广东教育出版社，2005.

[7] 刘旭.听课说课上课[M].成都：四川教育出版社，2005.

[8] 刘强.思想政治学科教学新论[M].北京：高等教育出版社，2003.

[9] 李森，张家军，王天平.有效教学新论[M].广州：广东教育出版社，2010.

[10] 孟庆男.思想政治新课程教学技能研究[M].北京：中央编译出版社，2010.

[11] 任长松.探究式学习——学生知识的自主建构[M].北京：教育科学出版社，2005.

[12] 思想政治课程标准研制组.普通高中思想政治课程标准（实验）解读[M].北京：人民教育出版社，2005.

[13] 思想政治课程教材研究开发中心.思想政治教师培训手册[M].北京：人民教育出版社，2008.

[14] 吴一凡.初中思想品德新课程教学法[M].北京：首都师范大学出

版社,2004.

[15] 王淑珍.高中思想政治课程标准教师读本[M].武汉:华中师范大学出版社,2005.

[16] 徐贵权.走进高中新课改:政治教师必读[M].南京:南京师范大学出版社,2005.

[17] 谢树平,李宏亮,胡文瑞.新编思想政治(品德)教学论[M].上海:华东师范大学出版社,2006.

[18] 钟启泉,崔允漷.新课程的理念与创新[M].北京:高等教育出版社,2003.

[19] 钟启泉,崔允漷,张华.为了中华民族的复兴　为了每位学生的发展〈基础教育课程改革纲要(试行)〉解读[M].上海:华东师范大学出版社,2001.

[20] 钟启泉,崔允漷.新课程的理念与创新——师范生读本[M].北京:高等教育出版社,2003.

[21] 朱慕菊.走进新课程:与课程实施者对话[M].北京:北京师范大学出版社,2002.

[22] 周成平.新课程名师教学100条建议[M].合肥:中国科学技术大学出版社,2005.

[23] 张文军,李云淑,王俊.高中课程资源开发和利用的实践智慧[M].北京:高等教育出版社,2004.

[24] 张奇才.思想政治(品德)教学论[M].合肥:安徽人民出版社,2007.

后 记

自思想政治(品德)新课程实施以来,广大教育工作者为构建思想政治高效课堂进行了艰辛的探索并积累了一定的经验,也遇到了不少问题与困惑。为了给广大教师答疑解惑,我们精心编写了《新课程思想政治(品德)怎么教》这本书。

本书共分六章:

第一章主要分析思想政治高效课堂构建的历史背景,对思想政治新课程改革进行了回顾与反思,论述了新课改的理论与实践意义。

第二章主要论述思想政治课教师如何科学解读和使用教材,以构建思想政治高效课堂。

第三章以教学设计为对象,重点研究思想政治课教师如何进行教学目标设计、教学方法设计、教学重难点设计和教学过程设计等。

第四章主要阐述在新课程背景下,思想政治课教师如何优选教法,如何指导学生自主学习、合作学习、探究学习。

第五章主要论述思想政治课教师如何开发利用课程资源,包括课程资源开发利用中存在的问题,开发的原则、方法和基本途径。

第六章主要研究新课程背景下思想政治课教师教学技能,包括语言运用技能、板书设计技能、课堂提问技能、课堂举例技能和课堂导入技能。

本书是集体智慧的结晶。本人负责全书内容体系设计、改稿、统稿、审定,并撰写第二、三、四、五章。为增强本书的实践性和操作性,特邀请了部分教育硕士和中学优秀教师参与编写本书的第一章和第六章。具体分工是:南陵县一中徐霞老师撰写第一章第一节;来安县教育局汤惠琴老师撰写第一章第二节;南陵县第一中学余玉萍老师撰写第六章第一节;宿州市实验中学金景老师撰写第六章第二节;淮北市实验高中黄体红老师撰写第六章第三节;安徽师范大学附属外国语学校陶良春老师撰写第六章第四节;芜湖市第一中学王素瑛老师撰写第六章第五节。对上述老师的努力和付出表示衷心感谢!

本书参考并引用了大量国内外出版、发表的课程与教学论方面的著作、论文,特此说明,并向有关同仁专家表示由衷的感谢。

由于课堂教学的复杂性,更由于思想政治课堂教学面临矛盾的独特性,加上我们的认识水平有限,书中不妥之处在所难免,恳请大家批评指正。

陶永华

2012年11月